煤炭常用术语手册

陈亚飞　主编

U0214088

煤 炭 工 业 出 版 社

·北　京·

内 容 提 要

本书收录了煤炭工业常用的煤矿科技术语、煤岩术语、煤质与煤分析有关术语和选煤术语4个国家标准中的术语。

本书可作为从事煤炭工业广大科技工作者的重要工具书，也可作为煤炭专业院校师生的辅助参考用书。

前　　言

　　煤炭是中国主体能源，也是国民经济发展的重要物质基础。2018 年中国煤炭产量约为 37 亿吨，煤炭消费量约达到 39 亿吨。近年来，煤炭行业新产品、新技术、新工艺不断涌现，现代化管理方法得到广泛应用。特别是煤炭国家标准和行业标准的实施，规范化的专业科技术语的普及与应用，极大地促进了煤炭工业的健康发展和科学技术的进步，煤炭资源的合理开发和洁净利用的水平得到不断提高。

　　随着标准在我国社会经济发展中的重要性不断提高，煤炭科技术语也越来越受到人们的高度重视。这些术语涉及煤炭勘查、生产、加工、储运、各种工业利用及市场贸易的全过程，在加强煤炭生产管理、提高产品质量、促进市场经济发展、减少污染和实现煤矿废弃物综合利用等方面发挥了重要作用。

　　为促进煤炭科技术语的贯彻实施，方便广大用户使用，现将截至 2018 年 12 月现行有效的涉及煤炭常用术语的国家标准编成手册，供煤炭资源评价、煤炭生产和加工、煤炭质量监督、煤质仪器生产、煤炭使用和商检、科研、设计、高等院校等部门和相关企业使用，以更好地让煤炭科技术语标准化工作在科学评价煤炭资源、合理洁净利用煤炭资源、规范市场秩序、促进煤矿节能和环保等方面发挥重要作用。

　　本手册主要收录了煤炭工业常用的煤矿科技术语、煤岩术语、煤质与煤分析有关术语和选煤术语 4 个国家标准。

　　因时间仓促，本手册在编制中可能存在不足之处，敬请读者批评指正。

编　者

2018 年 12 月

目　　录

中华人民共和国国家标准

煤矿科技术语　第1部分：煤炭地质与勘查

GB/T 15663.1—2008

代替 GB/T 15663.1—1995

Terms relating to coal mining-Part 1:
Coal geology and prospecting

1　范围

GB/T 15663 的本部分规定了煤炭地质与勘查有关的术语及其英文译名、定义和符号。

本部分适用于与煤炭地质勘查有关标准、规程、规范、文件、教材、书刊和手册等。

2　煤的成因与成因类型

2.1

煤　coal

煤炭

植物残骸在覆盖地层下,经复杂的生物化学和物理化学作用,转化而成的固体可燃有机沉积岩,其灰分一般小于 40%。

2.2

泥炭　peat

泥煤

高等植物残骸,在沼泽中经泥炭化作用形成的一种松散富含水分的有机质堆积物,是煤的前身物。

2.3

腐泥　sapropel

水生低等植物和浮游生物残骸,在湖沼、泻湖、海湾等环境中沉积,经腐泥化作用形成的富含水分和沥青质的有机软泥。

2.4

成煤物质　coal forming material

形成煤的原始物质,包括高等植物、低等植物和浮游生物。

2.5

成煤作用　coal-forming process

植物残骸从堆积到转变成煤的作用。包括泥炭化(或腐泥化)作用和煤化作用。

2.6

泥炭化作用　peatification

高等植物残骸在泥炭沼泽中,经复杂的生物化学和物理化学变化,逐渐转变成泥炭的作用。

2.7

泥炭沼泽　peats wamp

有大量植物繁殖、残骸聚积并形成泥炭层的沼泽。

2.8

原地生成煤　autochthonous coal

植物残骸未经流水搬运,就地堆积,经成煤作用转变成的煤。

2.9

微异地生成煤　hypautochthonous coal

植物残骸经流水短距离搬运,仍堆积在原生长的沼泽范围内,经成煤作用转变成的煤。

2.10

异地生成煤　allochthonous coal

植物残骸经流水或其他因素搬运,离开原生长的沼泽而在它处堆积,经成煤作用转变成的煤。

2.11

凝胶化作用　gelification

高等植物的木质-纤维组织等,在覆水缺氧的滞水泥炭沼泽环境中,经生物化学和物理化学变化,形成以腐植酸和沥青质为主要成分的胶体物质-凝胶和溶胶的作用。

2.12

丝炭化作用　fusainisation;fusinitization

在泥炭化阶段,高等植物的木质-纤维组织等,在比较干燥的氧化条件下腐朽,或因森林起火转变为丝炭化物质的作用。

2.13

残植化作用　liptofication

在活水、多氧的泥炭沼泽环境中,植物的木质-纤维组织被氧化分解殆尽,稳定的壳质组组分相对富集的作用。

2.14

腐泥化作用　saprofication

低等植物和浮游生物残骸,在湖沼、泻湖、海湾等还原环境中,转变为腐泥的生物化学作用。

2.15

煤化作用　coalification

泥炭或腐泥转变为褐煤、烟煤、无烟煤的物理化学作用。包括煤成岩作用和煤变质作用。

2.16

煤成岩作用　coal diagenesis

泥炭或腐泥被掩埋后,在压力为主并包括温度、微生物等因素在内的多种因素的影响下,经压实、脱水、增碳、游离纤维素消失、凝胶化组分开始形成并具有微弱反射能力等物理化学作用转变为年轻褐煤的作用。

2.17

煤变质作用　coal metamorphism

年轻褐煤在地下受到温度、压力、时间等因素的影响,转变为烟煤或无烟煤、天然焦、石墨等的地球化学作用。

2.18

煤变质作用类型　type of coal metamor-phism

根据影响煤变质的主要因素及其作用方式和变质特征而划分的类型。

2.19

煤深成变质作用   deep burial metamorphism of coal

煤区域变质作用   regional metamorphism of coal

煤层形成后，在沉降过程中，在地热和上覆岩层静压力的影响下，使煤发生变质的作用。

2.20

煤接触变质作用   contact metamorphism of coal

浅成岩浆岩体侵入或接近煤层时，在岩浆热和岩浆中的热液与挥发性气体等的影响下，使煤发生变质的作用。

2.21

煤区域岩浆热变质作用   telemagmatic metamorphism of coal；regional magmatic thermal metamor-phism of coal

煤区域热力变质

大规模岩浆侵入含煤岩系或其外围，在大量岩浆热和岩浆中的热液与挥发性气体等的影响下，导致区域内地温增高，使煤发生变质的作用。

2.22

煤动力变质作用   dynamic metamorphism of coal

煤动力变质

地壳构造运动所产生的构造应力和伴随的热效应，使煤发生变质的作用。

2.23

煤级   coal rank

煤阶

煤化作用深浅程度的等级，也用以表示煤变质程度。

2.24

煤变质程度   degree of coal metamorphism；metamorphic grade of coal

煤在变质作用的影响下，其物理、化学性质变化的程度。

2.25

煤变质梯度   gradient of coal metamorphism；metamorphic gradient of coal

煤层埋深每增加100 m，煤变质加深的程度。常以挥发分减少或镜质组反射率增高数值来表示。

2.26

煤变质带 metamorphic zone of coal;metamorphic belt of coal

变质程度不同的煤,在空间上呈现的规律性分布。

2.27

希尔特规律 Hilt's rule;Hilt's law

希尔特定律

煤的变质程度随埋藏深度增加而增高的规律。由德国学者希尔特首先发现而得名。

2.28

煤成因类型 genetic type of coal;genetic coal type

根据成煤的原始植物和聚积环境而划分的类型。

2.29

腐植煤 humic coal

腐殖煤

高等植物残骸,在泥炭沼泽中经泥炭化作用和煤化作用转变成的煤。

2.30

腐泥煤 sapropelic coal;sapropelite

低等植物和浮游生物残骸,在湖泊、泻湖、海湾等环境中,经腐泥化作用和煤化作用转变成的煤。

2.31

腐植腐泥煤 humic-sapropelic coal

腐殖腐泥煤

低等植物和高等植物残骸经成煤作用转变成的、以腐泥为主的煤。

2.32

腐泥腐植煤 sapropelic-humic coal

腐泥腐殖煤

高等植物和低等植物残骸经成煤作用转变成的、以腐植质为主的煤。

2.33

残植煤 liptobiolite;liptobiolith

高等植物残骸经残植化作用,孢子、花粉、树脂、树皮等稳定组分富集,经成煤作用转变成的煤。

2.34

藻煤　boghead coal；boghead；algalcoal

主要由藻类残骸转变成的一种腐泥煤。

2.35

烛煤　cannel coal

燃点低，因其火焰与蜡烛火焰相似而得名的一种腐植腐泥煤。主要由小孢子和腐泥基质组成。

2.36

煤精　jet

煤玉

黑色、致密、韧性大，可雕刻抛光成工艺品的一种腐植腐泥煤。

2.37

褐煤　brown coal

泥炭或腐泥经成岩作用转变成的煤化程度低的煤。其外观多呈褐色，光泽暗淡，含有较高的内在水分和不同数量的腐植酸。代码 HM。

2.38

烟煤　bituminous coal

褐煤经变质作用转变成的煤化程度低于无烟煤而高于褐煤的煤。其挥发分产率范围宽，单独炼焦时，从不结焦到强结焦均有，燃烧时有烟。代码 YM。

2.39

无烟煤　anthracite

烟煤经变质作用转变成的煤化程度高的煤。其挥发分低、密度大、着火温度高、无黏结性，燃烧时多不冒烟。代码 WYM。

2.40

硬煤　hard coal

为烟煤、无烟煤的统称。

2.41

石煤　stone-like coal

主要由菌藻类植物残骸在早古生代的浅海、泻湖、海湾等环境中，经腐泥化作用和煤化作用转变成的低热值、煤化程度高的固体可燃矿产。一般含大量矿物质,以外观似黑色岩石而得名。

2.42

天然焦 natural coke
自然焦

岩浆侵入煤层,煤在岩浆热和岩浆中的热液与挥发性气体等的影响下,受热干馏而成的焦炭。

3 煤层

3.1

煤层 coal seam;coal bed

含煤岩系中赋存的层状煤体。

3.2

煤层形态 form of coal seam

煤层在空间的展布特征。根据煤层在剖面上的连续程度,可分为层状、似层状、鸡窝状和马尾状等多种形态。

3.3

煤层厚度 thickness of coal seam

煤层顶、底板之间的垂直距离。

3.4

煤层有益厚度 profitable thickness of coal seam

煤层顶、底板之间所有煤分层厚度的总和。

3.5

最低可采厚度 minimum workable thickness;minimum minable thickness

在当前技术经济条件下,可开采的最小煤层厚度。

3.6

可采煤层 workable coal seam;minable coal seam

达到煤炭工业指标规定的最低可采厚度的煤层。

3.7

煤层结构 texture of coal seam

煤层中煤与夹矸的组成状态和分布特征。

3.8

煤分层　sublayer of coal seam

煤层被夹矸所分开的稳定层状煤体。

3.9

夹矸　parting;dirt;band

夹石层

煤层中所夹的岩层,厚度一般小于最低可采厚度。

3.10

煤核　coal ball

煤层中保存有植物化石的结核。

3.11

复煤层　composite coal seam

全层厚度较大,夹矸层数多,厚度和岩性变化大,夹矸的分层厚度在一定范围内可能大于所规定的煤层最低可采厚度的煤层。

3.12

煤层形变　deformation of coal seam

煤层构造变形

地壳构造变动引起煤层形态和厚度的变化。

3.13

煤层分叉　bifurcation of coal seam;splitting of coal seam

单一煤层在空间分开成为若干煤层的现象。

3.14

煤层尖灭　thinning out of coal seam;thin-out of coal seam

煤层在空间变薄以致消失的现象。

3.15

煤层冲刷　washout of coal seam

煤层形成过程中或形成后,因河流、海浪或冰川等的剥蚀,局部或全部被破坏的现象。

3.16

同生冲刷　syngenetic washout

泥炭堆积过程中,河流或海浪等对泥炭层的冲刷。

3.17

后生冲刷　epigenetic washout

泥炭被沉积物覆盖后,河流、海水或冰川等对泥炭层的冲刷。

3.18

煤层顶板　roof of coal seam

在正常顺序的含煤岩系剖面中,直接覆于煤层上面的岩层。

3.19

煤层底板　floor of coal seam

在正常顺序的含煤岩系剖面中,直接伏于煤层下面的岩层。

3.20

根土岩　root clayunder clay

底黏土

富含植物根部化石的煤层底板岩石。

3.21

煤相　coal facies

指煤的原始成因类型。它取决于成煤植物群落和泥炭聚积环境,即堆积方式、覆水条件、水介质特征等。

3.22

煤组　group of coal seam

集中发育于含煤岩系中某一或某些层段,并在成因上有联系的一组煤层。

3.23

煤层沉积环境　coal depositional environment

古代泥炭沼泽及成煤沼泽的沉积环境,可通过煤相分析来恢复。

3.24

煤沉积模式　depositional model of coal

用沉积模式的理论和方法,研究含煤岩系、煤层的组合、变化特征,以重塑聚煤古地理。

4 含煤岩系与煤田

4.1

含煤岩系 coal-bearing series;coal measures;coal-bearing formation

煤系

含煤地层

含煤建造

一套含有煤层并有成因联系的沉积岩系。

4.2

近海型含煤岩系 paralic coal-bearing formation;paralic coal-bearing series

海陆交替相煤系

煤盆地长期处于海岸线附近的环境中形成的含煤岩系。由陆相、过渡相和浅海相沉积物组成。

4.3

内陆型含煤岩系 inland coal-bearing series;limnic coal-bearing series

陆相煤系

煤盆地在内陆环境中形成的含煤岩系。全部由陆相沉积物组成。

4.4

浅海型含煤岩系 neritic coal-bearing series;neritic coal-bearing formation

煤盆地经常处于浅海环境中形成的含煤岩系。主要由浅海相沉积物组成。

4.5

含煤岩系成因标志 genetic marking of coal-bearing series

反映含煤岩系沉积环境、形成条件的标志。包括岩石的物质成分、结构、层面与层理构造、岩层间接触关系、化石、结核以及地球化学标志等。

4.6

含煤岩系沉积相 sedimentary facies of coal-bearing series

反映含煤岩系形成时的古地理环境的沉积物,是含煤岩系岩石相、沉积构造、生物相、地球化学相、地震地层相和测井相的总称。

4.7

含煤岩系旋回结构 coal-bearing cycle;depositional cycle in coal-bearing series

含煤岩系垂直剖面中,一套有共生关系的岩性或岩相的组合有规律地多次交替出现的现象。

4.8

含煤岩系古地理　palaeogeography of coal-bearing series

指含煤岩系形成过程中起主要支配作用的地貌景观和沉积环境。

4.9

含煤岩系沉积体系　sedimentary system of coal-bearing series

一套与含煤沉积环境有关的,同一物源、同一水动力系统控制的,有成因联系的沉积体和沉积相的规律组合。

4.10

含煤岩系层序地层分析　sequence stratigraphy analysis of coal-bearing series

含煤岩系层序地层学

用层序地层学的理论和方法分析研究含煤岩系,解决等时地层格架内煤系、煤层对比和相对海(湖)平面变化对含煤岩系沉积相和煤层形成、分布的控制关系。

4.11

含煤岩系供伴生矿产　associated mineral resources of coal-bearing series

其他有益矿产

含煤岩系中除煤层以外,可开发利用的矿产和煤中达到相关工业指标的有用元素。

4.12

含煤岩系盖层　overlying of coal-bearing series

覆盖在含煤岩系之上的岩系。

4.13

含煤岩系基底　basement of coal-bearing series

下伏在含煤岩系之下的岩系。

4.14

聚煤作用　coal accumulation processes

古代植物残骸在古气候、古地理和古构造等有利条件下，聚集形成泥炭层、进而被埋藏发生煤化作用而成煤炭资源的过程。

4.15

成煤期　coal-forming period

聚煤期

成煤时代

地质历史中形成煤炭资源的时期。

4.16

聚煤区　coal accumulating area

地质历史中发生聚煤作用的广大地区。

4.17

含煤性　coal-bearing property

含煤岩系中的含煤程度。主要指煤层层数、煤层厚度及其稳定性。

4.18

含煤系数　coal-bearing coefficient

煤层总厚度与含煤岩系总厚度之比，用百分数表示。

4.19

可采含煤系数　workable coal-bearing coefficient；minable coal-bearing coefficient

可采煤层总厚度与含煤岩系总厚度之比，用百分数表示。

4.20

可采含煤率　workable coal-bearing ratio；minable coal-bearing ratio

煤层中可采部分的延伸长度、面积或体积与煤层总延伸长度、总面积或总体积之比，用百分数表示。

4.21

含煤密度　coal-bearing density

煤炭资源量丰度

单位面积内的煤炭资源量。

4.22

富煤带　enrichment zone of coal；coal-rich zone

煤田或煤产地内煤层相对富集的地带。

4.23

富煤中心 enrichment center of coal;coal-richcenter

富煤带内煤层总厚度最大的地区。

4.24

煤盆地 coal basin

同一成煤期内形成含煤岩系的沉积盆地。

4.25

侵蚀煤盆地 erosional coal basin

由于河流或冰川在地表进行的侵蚀作用而成的煤盆地。

4.26

塌陷煤盆地 collapsed coal basin;karst coal basin

地下深处或含煤岩系基底的可溶性碳酸盐岩受地下水长期的溶蚀作用引起地表塌陷而成的煤盆地。

4.27

坳陷煤盆地 depressed coal basin

由于地壳坳陷而成的煤盆地。含煤岩系基底呈波状起伏,断裂不发育的煤盆地。

4.28

断陷煤盆地 fault coal basin

盆地边缘由规模较大的、与沉积作用同期的断裂控制,含煤岩系基底被断裂切成块状的煤盆地。

4.29

同沉积构造 syndepositional structure

沉积岩系沉积过程中形成的构造。

4.30

同沉积褶皱 syndepositionat fold

同生褶皱

沉积岩系沉积过程中形成的褶皱。

4.31

同沉积断层   synsedimentary fault;growth fault

同生断层

沉积岩系沉积过程中形成的断层。

4.32

构造控煤   tectonic control coal

泛指构造作用对煤的聚集和赋存的控制关系,具有构造作用过程控煤和构造作用结果控煤的双重涵义。

4.33

煤田地质构造   geological structure of coalfield

控煤构造

控制煤的聚积或赋存状态的地质构造,如向斜、地堑、断层等。

4.34

控煤构造样式   structural styles controlled coal

构造样式指一群构造或某种构造特征的总特征和风格,即同一期构造变形或同一应力作用下所产生的构造的总和,控煤构造样式用以描述对煤系和煤层的形成、构造演化和现今赋存状况具有控制作用的构造样式,它们是区域构造样式中的重要组成部分但不是全部。控煤构造样式通常包括伸展构造样式、压缩构造样式、剪切和旋转构造样式、反转构造样式、滑动构造样式等大类。

4.35

赋煤单元   coal distribution units

根据聚煤作用等原生成煤条件和构造-热演化等后期保存条件综合作用结果,对含煤岩系现今赋存状态的划分,采用赋煤区、含煤区(赋煤带)、煤田(煤产地)、矿区等四级单元。

4.36

赋煤区   coal distribution area

根据主要含煤地质时代和控煤大地构造格局划分的 I 级赋煤单元,习惯上将中国划分为东北、华北、西北、华南、滇藏等五大赋煤区。

4.37

含煤区   coal distribution zone

赋煤带

按主要煤系聚煤特征、构造特征和煤系赋存特征划分的Ⅱ级赋煤单元,是聚煤盆地或盆地群经历后期改造后形成的赋煤单元。含煤区划分的主要依据包括:具有一致的聚煤规律、经历了大致相同的构造—热演化进程、具有相似的构造格局。面积在几百平方公里以上,可包括若干个煤田。

4.38

煤田　coal field

按后期改造和含煤性进行的Ⅲ级赋煤单元进行划分的同一地质时期形成,并大致连续发育的含煤岩系分布区。

4.39

暴露煤田　exposed coalfield

含煤岩系出露良好,或根据其基底的露头,可以圈出边界的煤田。

4.40

半隐伏煤田　semiconcealed coalfield

半暴露煤田

含煤岩系出露尚好,能大致了解其分布范围,或根据其基底的露头,可以圈出部分边界的煤田。

4.41

隐伏煤田　concealed coalfield

掩盖煤田

含煤岩系出露极差,大部或全部被掩盖,地面地质填图难以确定其边界的煤田。

4.42

煤产地　coal district

煤田受后期构造变动的影响而分隔开的一些单独的含煤岩系分布区,或面积和资源量都较小的煤田(面积由几平方公里到几十平方公里)。

5　煤炭地质勘查

5.1

煤炭地质勘查　coal exploration;coal prospecting

煤田普查与勘探

煤炭资源地质勘查

寻找和查明煤炭资源的地质工作。即预查(找煤)、普查、详查、勘探(精查)等地质勘查工作。

5.2

煤田预测　coalfield prediction

通过对聚煤规律和赋煤条件的研究,预测可能存在的含煤地区,并估算区内煤炭资源的数量和质量,为预查指出远景的工作。

5.3

预查　search for coal;look for coal

找煤

初步普查

寻找出潜在的煤炭资源,估算预测的煤炭资源量,并对工作地区有无进一步工作价值作出评价所进行的地质调查工作。

5.4

普查　reconnaissance of coalfield

煤田普查

详细普查

估算推断的资源量,为煤炭工业的远景规划和下阶段的勘查工作,提供必要的资料所进行的地质工作。

5.5

详查　preliminary exploration;initial exploration

初步勘查

估算控制的资源量,为矿区建设开发总体设计提供地质资料所进行的勘查工作。

5.6

勘探　detailed exploration;detailed prospecting

精查

详细勘查

估算探明的资源量,为初步设计提供地质资料所进行的详细勘查工作。

5.7

找煤标志 criteria for coal prospecting; cule for coal prospecting

显示有煤层存在或可能有煤层存在的现象和线索。

5.8

煤层露头 cutcrop of coal seam; coal outbreak

煤层出露地表的部分。

5.9

煤层风化带 weathered zone of coal; weathed coal zone

煤层受风化作用后,煤的物理、化学性质发生明显变化的地带。

5.10

煤层氧化带 oxidized zone of coal; oxidized coal zone

煤层受风化作用后,煤的化学工艺性质发生变化,而物理性质变化不大的地带。

5.11

勘查方法 method of expioration; exploratory method

煤炭地质勘查所采用的各种技术手段、工程布置和技术措施的总称。

5.12

勘查手段 exploration means

煤炭地质勘查所采用的技术手段。包括地质填图、钻探、坑探、物探、化探、遥感等。

5.13

勘查阶段 exploration stage

勘查程序 procedure of exploration

根据地质工作特点和煤炭地质勘查与煤炭工业基本建设相适应的原则,煤炭地质勘查划分为预查(找煤)、普查、详查和勘探(精查)四个阶段。

5.14

勘查区 exploration area

煤炭地质勘查的工作区域。

5.15

勘查工程 exploration engineering

地质勘查所采用的钻探、物探、坑探、填图、遥感等各种工程的总称。

5.16

勘查线 exploratory line；prospecting line

勘查工程一般按与煤层走向或主要构造线方向基本垂直的方向布置成的直线。

5.17

主导勘查线 leading exploratory line；leading prospecting line

在勘查区具有代表性的地段或重点地段，加密勘查工程，达到控制基本地质情况的勘查线。

5.18

基本勘查线 basic exploratory line；basic prospecting line

根据勘查区地质特征，为全面揭露地质情况，按勘查规范对勘查线间距的要求所布置的勘查线。

5.19

勘查网 exploratory grid；prospecting network

勘查工程布置在两组不同方向勘查线的交点上，构成的网状布置形式。

5.20

基本线距 spacing of basic exporatory line

按勘查区内构造复杂程度和煤层稳定性所确定的基本勘查线之间的距离。

5.21

孔距 spacing of hole；hole spacing；borehole spacing；drilmole spacing

勘查线上相邻钻孔的距离，孔距一般小于相同控制程度的线距。

5.22

勘查深度 depth of exploration

煤炭地质勘查所提供煤炭资源/储量的最大估算深度。

5.23

勘查程度 degree of exploration；explorationin tensity

通过煤炭地质勘查，对勘查区的地质条件进行研究和查明的程度。

5.24

煤炭勘查类型 type of coal exploration；type of coal prospecting

勘探类型

主要按地质构造复杂程度和煤层稳定性,对勘查区划分的类型。

5.25

简单构造　simple structure

含煤岩系产状变化不大,断层稀少,没有或很少受岩浆侵入影响的构造。

5.26

中等构造　medium structure

含煤岩系产状有一定变化,断层较发育,有时局部受岩浆侵入影响的构造。

5.27

复杂构造　complex structure

含煤岩系产状变化很大,断层发育,有时受岩浆侵入影响严重的构造。

5.28

极复杂构造　extremely complex structure

含煤岩系产状变化极大,断层极发育,有时受岩浆侵入严重破坏的构造。

5.29

煤层稳定性　stability of coal seam；regularity of coal seam

主要指煤层形态、厚度和结构等的变化程度。

5.30

稳定煤层　regular coal seam

厚度变化很小,变化规律明显。结构简单至较简单,全区可采或基本全区可采的煤层。

5.31

较稳定煤层　comparatively regular coal seam

厚度有一定变化,但规律性较明显,结构简单至复杂,全区可采或大部分可采,可采范围内厚度变化不大的煤层。

5.32

不稳定煤层　irregular coal seam

厚度变化较大,无明显规律,结构复杂至极复杂的煤层。

5.33

极不稳定煤层　extremely irregular coal seam

厚度变化极大，呈透镜状、鸡窝状，一般不连续，很难找出规律，可采块段分布零星的煤层。

5.34

煤层对比   correlation of coal seam

根据煤层本身特征和含煤岩系中各种对比标志，找出见煤点间煤层的层位对应关系的工作。

6   地质编录与煤炭资源/储量

6.1

地质编录   geological logging；geological record

把地质勘查和煤矿开采过程所观察到的地质现象，以及综合研究的结果，用文字、图表等形式，系统、客观地反映出来的工作。

6.2

原始地质编录   initial geological logging；initial geological record

通过各种地质工作，直接取得有关图件、数据和文字记录等原始资料的工作。

6.3

综合地质编录   generalized geological logging；generalized geological record；comprehensive geological logging；comprehensive geological log

对各种原始地质资料进行系统整理、研究和综合，然后用文字、图件、表格等形式表示出来的地质编录工作。

6.4

区域地质图   regional geological map

反映区域地质特征的图件。

6.5

煤田地形地质图   coal topographic-geological map

以地形图为底图，反映地层、构造、岩浆岩、煤层、标志层以及其他矿产等煤田基本地质特征及相互关系的图件。

6.6

勘查工程分布图   layout sheet of exploratory engineering

表示勘查区各类勘查工程分布位置的图件。

6.7

钻孔柱状图　borehole column

根据钻孔所获资料编制的,表示钻孔通过的地层、煤层、标志层等的岩性特点和层位关系的地质柱状图。

6.8

煤层对比图　coal-seam correlation section

反映各钻孔中煤层,标志层及其他煤层或岩层对比资料,用以确定煤层层位和相互关系的图件。

6.9

勘查线地质剖面图　geological profile of exploratory line;exploratory profile

根据同一勘查线上各类勘查工程所获资料编制的,用以反映矿区地质构造特征和煤层赋存情况的图件。

6.10

煤层底板等高线图　coal-seam floor contourmap

根据各类探采工程揭穿同一煤层所获煤层底板标高资料,用正投影法投影在水平投影面上连接而成的等值线图,用以表示倾斜、缓倾斜煤层赋存状态、底板起伏情况以及地质构造特征的投影图。

6.11

煤层立面投影图　vertical-plane projection diagram of coal seam

根据由探采工程控制的煤层形态和其他地质界线等,用正投影法投影在和煤层平均走向平行的垂直投影面上编制的,用以表示急倾斜煤层的整体分布轮廓和各部分研究程度的投影图。

6.12

水平切面图　horizontal crosssection

按矿井开采设计或其他方面的需要,沿一定的标高切制或编绘出的一种水平断面图,用以表示该标高水平上煤层赋存情况和地质构造特征的图件。

6.13

矿区水文地质图　minearea hydrogeological map

反映矿区地下含水层分布和水文地质特征的图件。

6.14

资源/储量估算图   reserves calculation map

反映资源/储量估算依据、各级资源/储量分布范围和估算结果的图件。

6.15

煤炭地质报告   geological report

煤炭勘查工作全部完成或告一阶段之后,根据各种资料的系统整理和综合研究编写而成的一种全面反映煤炭地质勘查工作成果的重要技术文件。它一般由报告正文、图件、表格和附件组成。

6.16

固体矿产资源   solid mineral resources

指在地壳内或地表由地质作用形成具有经济意义的自然固体富集物,根据产出形式、数量,可以预期最终开采是技术上可行、经济上合理的。其位置、数量、品位/质量、地质特征是根据特定的地质依据和地质知识计算和估算的。按照地质可靠程度,可分为查明矿产资源和潜在矿产资源。

6.17

查明矿产资源   indentifield mineral resources

经勘查工作已发现的固体矿产资源的总和。依据地质可靠程度和可行性评价所获得的不同结果可分为储量、基础储量、资源量三类。

6.18

潜在矿产资源   undiscovered resources

根据地质依据和物探化探异常预测而未经查证的那部分矿产资源。

6.19

煤炭储量   coal reserves

经过详查或勘探,达到了控制和探明的程度,在进行了预可行和可行性研究,扣除了设计和采矿损失,能实际采出的数量,经济上表现为在生产期内,每年的平均内部收益率高于行业基准内部收益率。储量是基础储量中的经济可采部分,又可分为可采储量(111)、探明的预可采储量(121)及控制的预可采储量(122)3个类型。

6.20

基础储量   basic reserves

能够满足现行采矿和生产所需的指标要求(包括煤质、厚度、开采技术条件等),是经详查和勘探所获控制的、探明的并通过可行性研究、预可行性研究认为属于经济的,边际经济的部分,用未扣除设计和采矿损失的数量表述。

6.21

煤炭资源量　coal resources

指查明煤炭资源的一部分和潜在煤炭资源的综合,包括经可行性研究、预可行性研究证实为次边际经济的煤炭资源和经过勘查而未可行性研究、预可行性研究的内蕴经济的煤炭资源以及经过预查后的煤炭资源,共计7种类型。

6.22

探明(可研)次边际经济资源量(2S11)　measured (feasibility study) sub-marginal economic resources (2S11)

在勘查工作程度已达到勘探阶段要求的地段,地质可靠程度为探明的,可行性研究结果表明,确定当时开采是不经济的,需要大幅度提高煤炭产品价格或大幅度降低成本后,才能变成经济的那部分资源。计算的资源量和可行性评价结果的可信度高。

6.23

探明(预可研)次边际经济资源量(2S21)　measured (prefeasibility study) submarginal economic resources (2S21)

在勘查工作程度已达到勘探阶段的要求的地段。地质可靠程度为探明的,预可行性研究结果表明,在确定当时开采是不经济的,需要大幅度提高煤炭产品价格或大幅度降低成本后,才能变成经济的那部分资源。计算的资源量可信度高,可行性评价结果的可信度一般。

6.24

控制的次边际经济资源量(2S22)　indicated submarginal economic resources (2S22)

在勘查工作程度已达到详查阶段的要求的地段。地质可靠程度为控制的,预可行性研究结果表明,在确定当时,开采是不经济的,需要大幅度提高煤炭产品价格或大幅度降低成本后,才能变成经济的那部分资源。计算的资源量可信度较高,可行性评价结果的可信度一般。

6.25

探明的内蕴经济资源量（331）　measured intrinsically-economic resources（331）

在勘查工作程度已达到勘探阶段要求的地段，地质可靠程度为探明的，但未做可行性研究或预可行性研究，仅作了概略研究，经济意义介于经济的一次边际经济的范围内，计算的资源量可信度高，可行性评价可信度低。

6.26

控制的经济内蕴资源量（332）　indicated intrinsically-economic resources（332）

在勘查工作程度已达到详查阶段要求的地段，地质可靠程度为控制的，可行性评价又作了概略研究，经济意义介于经济的一次边际经济的范围内，计算的资源量可信度较高，可行性评价可信度低。

6.27

推断的经济内蕴资源量（333）　inferred intrinsically-economic resources（333）

在勘查工作程度只达到普查阶段要求的地段，地质可靠程度为推断的，资源量只根据有限的数据计算的，其可信度低。可行性评价仅做了概略研究，经济意义介于经济的一次边际经济的范围内，可行性评价可信度低。

6.28

预测资源量（334?）　reconaissance resources（334?）

依据区域地质研究成果，航空、遥感、地球物理等异常或极少量工程资料，确定具有煤炭资源潜力的地区，并和已知矿区类比而估计的资源量，属于潜在矿产资源，有无经济意义尚不确定。

6.29

可采储量（111）　proved extractable reserves（111）

探明的经济基础储量的可采部分。是指在已按勘探阶段要求加密工程的地段，在三维空间上详细圈定了煤层，肯定了煤层的连续性，详细查明了煤矿床地质特征、煤质和开采技术条件，并有相应的煤炭加工分选试验成果，已进行了可行性研究，包括对开采、洗选、经济、市场、法律、环境、社会和政府因素的研究及相应的修改，证实其在计算的当时开采是经济的。计算的可采储量及可行性评价结果,可信度高。

6.30

探明预可采储量(121)　measured predicted reserves (121)

探明的经济基础储量的可采部分。是指在已达到勘探阶段加密工程的地段,在三维空间上详细圈定了煤层,肯定了煤层连续性,详细查明了煤矿床地质特征、煤质和开采技术条件,并有相应的煤炭加工筛选试验成果,但只进行了预可行性研究,表明当时开采是经济的。计算的可采储量可信度高,可行性评价结果的可信度一般。

6.31

控制预可采储量(122)　indicated predicted reserves (122)

控制的经济基础储量的可采部分。是指在已达到详查阶段工作程度要求的地段,基本上圈定了煤层三维形态,能够较有把握地确定煤层连续性的地段,基本查明了煤矿床地质特征、煤质、开采技术条件,提供了煤炭加工筛选性能条件试验的成果。预可行性研究结果表明开采是经济的,计算的可采储量可信度较高,可行性评价结果的可信度一般。

6.32

探明(可研)经济储量(111b)　measured (feasibility study) economic basic reserves (111b)

它所达到的勘查阶段、地质可靠程度、可行性评价阶段及经济意义的分类同6.29 所述,与其唯一的差别在于本类型是用未扣除设计、采矿损失的数量表述。

6.33

探明(预可研)经济储量(121b)　measured (prefeasibility study) economic basic reserves (121b)

它所达到的勘查阶段、地质可靠程度、可行性评价阶段及经济意义的分类同6.30 所述,与其唯一的差别在于本类型是用未扣除设计、采矿损失的数量表述。

6.34

控制经济基础储量 (122b)　indicited economic basic reserves (122b)

它所达到的勘查阶段、地质可靠程度、可行性评价阶段及经济意义的分类同6.31 所述,与其唯一的差别在于本类型是用未扣除设计、采矿损失的数量表述。

6.35

探明(可研)边际经济基础储量(2M11)　measured（feasibility study）mar-ginally-measured（prefeasibility study）economic basic reserves（2M11）

　　在达到勘探阶段工作程度要求的地段,详细查明了煤矿床地质特征、煤质、开采技术条件、圈定了煤层的三维形态,肯定了煤层连续性,有相应的加工筛选试验成果。可行性研究结果表明,在确定当时开采是不经济的,但接近盈亏边界,只有当技术、经济等条件改善后才可变成经济的。这部分基础储量可以是覆盖全勘探区的,也可以是勘探区中的一部分,在可采储量周围或在其间分布。计算的基础储量和可行性评价结果的可信度高。

6.36

探明(预可研)边际经济基础储量(2M21)　measured（prefeasibility study）marginally-measured（prefeasibility study）ecnomic basic reserves（2M21）

　　在达到勘探阶段工作程度要求的地段,详细查明了煤矿床地质特征、煤质、开采技术条件,圈定了煤层的三维形态,肯定了煤层连续性,有相应的煤炭加工洗选性能试验成果,预可行性研究结果表明,在确定当时开采是不经济的,但接近盈亏边界,待将来技术经济条件改善后变成经济的。其分布特征同2M11,计算的基础储量的可信度高,可行性评价结果的可信度一般。

6.37

控制的边际经济基础储量(2M22)　indicated marginally ecnomic basic re-serves（2M22）

　　在达到详查阶段工作程度的地段,基本查明了煤矿床地质特征、煤质、开采技术条件,基本圈定了煤层的三维形态,预可行性研究结果表明,在确定当时,开采是不经济的,但接近盈亏边界,待将来技术经济条件改善后可变成经济的。其分布特征类似于2M11,计算的基础储量可信度较高,可行性评价结果的可信度一般。

6.38

地质可靠程度　geological assurance
地质可靠程度反映了煤炭勘查阶段工作成果的不同精度。分为探明的、控制的、推断的、预测的四种。

6.38.1

预测的　reconnaissance

煤炭资源潜力较大地区经过预查得出的结果。在有足够的数据并能与地质特征相似的已知矿区类比时,才能估算出预测的资源量。

6.38.2

推断的　inferred

指对普查区按照普查的精度大致查明煤炭资源的地质特征及煤层的展布特征、质量,也包括由地质可靠程度较高的基础储量或资源量外推的部分。由于信息有限,不确定因素多,煤层的连续性是推断的煤炭资源数量的估算所依据的数据有限,可信度较低。

6.38.3

控制的　indicated

对勘查区的范围依照详查的精度基本查明了煤炭资源的主要地质特征,煤层的层位、厚度、产状、规模、煤质及开采技术条件,煤层的连续性基本确定。煤炭资源数量的估算所依据的数据较多,可信度较高。

6.38.4

探明的　measured

在区的范围依照详查勘探的精度详细查明了煤炭资源的主要地质特征,煤层的层位、厚度、产状、规模、煤质及开采技术条件,煤层的连续性已经确定。煤炭资源数量的估算所依据的数据详尽,可信度高。

6.39

可行性评价　feasibility assessment

分为概略研究、预可行性研究、可行性研究。

6.40

概略研究　geological study

对煤矿床开发经济意义的概略评价。所采用的煤层质量、厚度、埋藏深度等指标通常是我国矿山的几十年来的经验数据,采矿成本是根据同类矿山生产估计的。其目的是为了由此确定投资机会。由于概略研究一般缺乏准确参数和评价所需的详细资料,所估算的资源量只具内蕴经济意义。

6.41

预可行性研究　prefeasibility study

对煤矿床开发经济意义的初步评价。其结果可以为该勘查区是否进行勘探或可行性研究提供决策依据。进行这类研究,通常应有详查或勘探后采用参考工业指标求得的煤炭资源/储量数,实验室规模的加工洗选试验资料,以及通过价目表或类似矿山开采对比所获数据的估算的成本。预可行性研究内容与可行性研究相同,但详细程度次之。当投资者为选择拟建项目而进行预可行性研究时,应选择适当市场价格的指标和各项参数。且论证项目尽可能齐全。

6.42

可行性研究　feasibility study

对煤矿床开发经济意义的详细评价,其结果可以详细评价拟建项目的技术经济可靠性,可作为投资决策的依据。所采用的成本数据精度高,通常依据勘探所获得储量数及相应的加工洗选性能试验结果,其成本和设备报价所需各项参数是当时的市场价格,并充分考虑了地质、工程、环境、法律和政府的经济政策等各种因素的影响,具有很强的时效性。

6.43

经济意义　degree of economic viability

对地质可靠程度不同的查明煤炭资源,经过不同阶段的可行性评价,按照评价当时经济上的合理性可以划分为经济的、边际经济的、次边际经济的、内蕴经济的。

6.43.1

经济的　economic

其数量和质量是依据符合市场价格确定的生产指标计算的,在可行性研究和预可行性研究当时的市场条件下开采,技术上可行,经济上合理,环境等其他条件下允许,即每年开采煤炭的平均价值能足以满足投资回报的要求。或政府补贴和其他扶持措施条件下,开发是可能的。

6.43.2

边际经济的　marginal economic

在可行性研究和预可行性研究当时,其开采是不经济的,但接近于盈亏边界,只有在将来由于技术、经济、环境等条件的改善或政府给予其他扶持的条件下可变成经济的。

6.43.3

次边际经济的 submarginal economic

在可行性研究和预可行性研究当时,开采是不经济的或技术上不可行。需大幅度提高煤炭价格或技术进步,是成本降低后方能变为经济的。

6.43.4

内蕴经济的 intrinsic economic

仅通过概略研究作了相应的投资机会评价,未做预可行性研究或可行性研究。由于不确定因素多,无法区分是经济的、边际经济的、还是次边际经济的。

7 煤层气地质学

7.1

煤层气 coalbed gas;coalbed methane

赋存于煤层中、以甲烷为主要成分、以吸附在煤基质颗粒表面为主并部分游离于煤孔隙中或溶解于煤层水中的烃类气体。

7.2

煤层气地质学 coalbed gas geology;coalbed methane geology

以研究煤层气成分与形成,气体在煤层内赋存与运移,煤层气分布与富集,以及煤层气资源勘查开发地质评价为主要内容,界于煤地质学与天然气地质学之间的边缘学科。

7.3

煤层气成分 coalbed methane component

煤层气成分主要是指甲烷、二氧化碳和氮。从煤层气中还可能检测到微量乙烷、丙烷、丁烷、戊烷、氢、一氧化碳、二氧化硫、硫化氢以及氦、氖、氩、氪等成分。

7.4

生物成因煤层气 biogenic coalbed gas

煤层中赋存的、由有机质经厌氧细菌生物化学降解的气态产物。

7.5

热解成因煤层气 themogenic coalbed gas

煤层中赋存的、煤中有机质在煤化作用过程中温度增高的影响下,经热催化作用降解生成热解成因气。

7.6

游离气　free gas

处于游离状态的煤层气,它服从一般气体状态方程,可自由运移。

7.7

吸附气　absorbed gas

以吸附状态存在于煤层及围岩中的煤层气。

7.8

煤层气含量　coalbed methane content

单位质量煤中所含甲烷和重烃的量。以标准温度和标准压力的气体体积表示。

7.9

煤储层　coal reservoirs

储存煤层气的煤层。与常规天然气储层相比,煤储层具有孔隙度低、渗透率小、比表面积大、储气能力强等特点。

7.10

煤储层物性　physical property of coal reservoirs

煤层具有的物理性质。主要包括煤储层孔隙性、渗透性、吸附-解吸性、储层压力等特性。

7.11

煤储层压力　coal reservoirs pressure

煤储层中的孔隙-裂隙内流体所承受的压力。一般都是指原始储层压力,即储层被开采前处于压力平衡状态时测得的储层压力。

7.12

煤储层压力梯度　coal reservoirs pressure gradient

在单位垂直深度内,煤储层压力的增量。常用井底压力除以从地表到测试井段中点深度而得出,用 kPa/m 或 MPa/100 m 表示。

7.13

废弃压力　abandonment pressure

在现有经济技术条件下,煤层气井疏水降压所能达到的最低井底压力。

7. 14

吸附等温曲线   absorption isotherm curve

在吸附平衡温度恒定的情况下,煤吸附甲烷的量与甲烷平衡压力的函数曲线。煤对甲烷的等温吸附线通常可用兰格缪尔方程表示。

7. 15

煤层甲烷兰格缪尔体积   coalbed methane Langmuir volume

描述煤对甲烷吸附等温线的兰格缪尔方程中的吸附常数(VL)。此常数的物理意义是在给定的温度条件下单位质量煤饱和吸附气体时,吸附的气体体积。

7. 16

煤层甲烷兰格缪尔压力   coalbed methane Langmuir pressure

描述煤对甲烷吸附等温线的兰格缪尔方程中的吸附常数(PL)。此常数的物理意义是煤对吸附气体量达到兰格缪尔体积一般时,所对应的压力。

7. 17

甲烷吸附容量   methane absorbing capacity

吸附于煤孔隙内表面上最大的甲烷量。

7. 18

煤层含气饱和度   gas saturation in coalbed

煤层孔隙被气体充满的程度。

7. 19

临界解吸压力   critical desorption pressure

在煤层降压过程中,气体开始从煤基质表面解吸所对应的压力值。

7. 20

吸附时间   sorption time

累计解吸出的气量占总吸附气量(包括残余气)的 62.3% 所需的时间,单位是时或日。

7. 21

煤孔隙   coal pore

煤中可被流体充塞的空间。

7.22

煤孔隙度　coal porosity

煤中孔隙体积与其外表体积之比。

7.23

双孔隙系统　dual pore system

在煤层内存在的孔隙和裂隙两个系统。

7.24

煤孔隙结构　coal pores tructure

煤储层所含孔隙的大小、形态、发育程度及相互组合关系。

7.25

煤比孔容　specific pore volume of coal

单位质量煤中孔的容积。

7.26

煤比表面积　specific surface area of coal

单位质量煤中孔隙的表面积。

7.27

煤内生裂隙　endogenetic fracture in coal

在煤化作用过程中,煤中凝胶化物质受温度和压力的影响,体积均匀收缩产生内张力,从而形成的裂隙。

7.28

煤外生裂隙　exogenetic fracture in coal

煤受构造应力作用产生的裂隙。

7.29

割理　cleat

煤中的自然裂隙。

7.30

面割理　face cleat

煤中一组延伸较长的主要割理。

7.31

端割理　butt cleat

煤中一组次要割理,发育在两条面割理之间,其延伸受面割理的制约。

7.32

煤岩基块　coal matrix

是被割理分割成的煤块体。煤层气主要以吸附方式赋存在煤岩基块内。

7.33

气体扩散　gas diffusion

煤层气在煤岩基块内的微孔隙内因浓度产生的位移。其过程可用菲克扩散定律描述。

7.34

气体渗透　gas permeability

煤层气在煤层裂隙系统内因压力产生的运移,其过程可用达西定律描述。

7.35

煤层渗透性　permeability of coal seam

流体在压力差作用下,通过煤层的难易程度。

7.36

煤层透气性　gas permeability of coal seam

在压力差作用下,煤层气在煤层中流动的难易程度。

7.37

气体渗透流动　permeable flow and migration of gas

在储层与井筒压差作用下,产生的煤层气的流动。

7.38

煤层气试井　coalbed gas well test

利用常规油气井的试井理论和工艺技术,针对煤储层特点进行的专门测试工作,目的是获取煤储层渗透率、表皮系数、储层压力及压力梯度等主要储层参数。

7.39

煤层气井完井　coalbed gas well completion

实现已完成钻井施工的煤层气井筒与开发目标层联系的工艺。

7.40

煤层气气井井网　coalbed gas well network

煤层气井群在地面布置的形状。

7.41

煤层甲烷储层模拟　coalbed methane reservoirs simulation

综合勘查区地质、储层物性、储层工程、生产施工等方面的综合信息应用模型表现煤储层生产特性的技术。

8　煤矿地质与资源/储量

8.1

煤矿区　coal mine district

矿区

在煤田范围内根据地质、地形、交通和生产管理等因素．划分出若干个采矿区域。

8.2

井田　mining field

在煤田或煤矿区内划归一对井筒开采的部分。

8.3

井田边界　mining field boundary

划分井田范围的边界。

8.4

矿井地质　mining geology

在煤矿建井和生产过程中进行的、直接为煤矿生产服务的地质工作，是煤炭资源地质勘查工作的继续。

8.5

矿井地质条件　geological condition of coal mine

影响井巷开拓、煤层开采和安全生产的各种地质条件。

8.6

矿井地质条件类型　geological condition type of coal mine

根据地质构造复杂程度、煤层稳定性和开采技术条件划分的类型。

8.7

煤矿地质勘查　geological exploration in coal mine

煤矿建设和生产过程中所进行的地质勘查工作。

8.8

煤矿补充勘查 supplementary exploration in coal mine

煤矿新水平或新开拓区设计之前,按设计要求所进行的补充性的勘查工作。

8.9

煤矿生产勘查 productive exploration in coal mine

煤矿生产过程中,在采区范围内,为查明影响生产的地质条件所进行的勘查工作。

8.10

煤矿工程勘查 coal mine engineering exploration

根据煤矿生产建设中专项工程的要求所进行的勘查工作。

8.11

井筒检查孔 pilot hole of shaft;testhole of shaft

新井开凿前,为核实井筒剖面资料,编制施工设计方案,在井筒附近追加施工的钻孔。

8.12

井巷工程地质 engineering geology in shafting and drifting

研究井巷、硐室、采场等的岩体工程地质条件,为设计和施工提供地质资料所进行的地质工作。

8.13

断层落差 throw of fault

在垂直断层走向的剖面上,倾斜地层断距的垂直分量。

8.14

断层平错 heave of fault

在垂直断层走向的剖面上,倾斜地层断距的水平分量。

8.15

断煤交线 intersecting line of coal seam with fault

断层面与煤层底面的交线。

8.16

构造煤 tectonically deformed coal

煤层受到构造应力作用，产生碎裂、揉皱等构造变动，而失去原来结构的煤。

8.17

岩溶陷落柱   karst collapse column

陷落柱

矸子窝

无煤柱

溶洞上方的煤层及其围岩垮落形成的柱状或锥状塌陷体喀斯特陷落柱。

8.18

探采对比   correlation of exploration and miningin-formation

采动对比

将煤矿开采后所获地质资料与煤田地质勘查所获地质资料进行分析、对比，以研究勘查方法、验证勘查程度的工作。

8.19

煤矿地质图   coal mine geological map

反映煤矿各种地质现象与井巷工程之间相互关系及它们空间分布情况的各种平面、剖断千口投影图的总称。

8.20

资源/储量管理   reserves control；reserves management

测定和统计煤炭资源/储量动态，定期分析研究煤量保有情况，及时了解生产过程中对煤炭资源的利用情况及开采损失率的估算等，以指导、监督合理地开采煤炭资源的工作。

8.21

动用资源/储量   mined-out reserves；worked-out reserves

在煤矿开采过程中已开采部分的采出煤量与损失资源/储量之和。

8.22

设计损失资源/储量   designed loss of reserves；allowable loss reserves

设计损失

开采设计允许损失的资源/储量。

8.23

实际损失资源/储量   actual loss of reserves

开采过程中实际发生的损失资源/储量。

8.24

损失率 **loss ratio；percentage loss**

损失储量占动用资源/储量的百分数。

8.25

回采率 **ratio of recovery；extraction rate**

采出率

回收率

实际采出的储量占动用储量的比例。

8.26

含矸率 **percentage of shale content；refuserate**

单位重量的原煤中，未能拣除的块度大于 50 mm 矸石重量的比值（%）。

8.27

开拓煤量 **developed reserves**

在矿井可采资源/储量范围内，按设计已完成准备采区以前所必需的开拓、掘进工程所圈定的资源/储量。

8.28

准备煤量 **prepared reserves**

在开拓煤量范围内，按设计已完成采区生产所必需的掘进工程所圈定的煤量。

8.29

开采煤量 **mining reserves**

回采煤量

获得煤量

在准备煤量范围内，按设计已完成工作面采煤前所必需的掘进工程所圈定的煤量。

8.30

煤自燃 **self-combusion of coal；coal spontaneous combusion**

煤在自然条件下与空气接触发生氧化而自发燃烧的现象。

9 煤炭水文、工程、环境地质

9.1

水文地质条件 hydrogeological condition

地下水埋藏、分布、补给、径流、排泄、水质、水量及其形成的地质条件的总称。

9.2

水文地质勘查类型 prospecting style of hydrogeology

根据矿井直接充水含水层含水介质、富水程度等水文地质条件及与煤层的空间关系划分为三类、三型。

9.3

矿井水文地质 mine hydrogeology

研究矿井建设和生产过程中，矿井水文地质条件和矿井水处治方法所进行的地质工作。

9.4

矿井水文地质类型 hydro geological type of mine

根据矿井水文地质条件、涌水量、水害情况和防治水难易程度，分为简单、中等、复杂、极复杂四种类型。

9.5

矿井充水 water-filling of mine；flooding to mine

矿井建设和生产过程中，矿区范围内及其附近水源的水，通过不同的方式流入矿井的现象。

9.6

矿井充水因素 water-filling factors of mines

造成和影响矿井充水的水文地质因素。

9.7

矿井充水水源 water-filling source

矿井水的来源。

9.8

充水通道 water-filling channel；flooding passage

水流入矿井的通道(过水通道)。

9.9

直接充水含水层 direct water-filling aquifer

直接向矿井或矿坑充水的含水层。

9.10

间接充水含水层 indirect water-filling aquifer

通过补给直接充水含水层,再向矿井或矿坑充水的含水层。

9.11

单位涌水量 specific water yield

抽水试验时,井孔内水位每降低 1 m,单位时间内从井孔中抽出的水量。

9.12

富水性 water yield property;water abundance

含水层的水量丰富程度。通常以单位涌水量表示。

9.13

导水性 transmissibility

含水层的导水能力。通常以含水层的渗透系数 k 与含水层厚度 M 的乘积表示。

9.14

老窑水 goal water;abandoned mine water

积存于废弃老窑、采空区或巷道中的地下水。

9.15

孔隙充水矿床 pore water-filling deposit

以孔隙含水层为主要充水水源的矿床。

9.16

裂隙充水矿床 fissure water-filling deposit

以裂隙含水层为主要充水水源的矿床。

9.17

岩溶充水矿床 karst water-filling deposit

以岩溶含水层为主要充水水源的矿床。

9.18

含水系数　water-yield coefficient

排水量与同一时期煤炭开采量之比(富水系数)。

9.19

矿井涌水量　mine inflow

单位时间内流入矿井的水量。

9.20

矿井最大涌水量　maximum water yield of mine;maximum mine inflow

矿井开采期间,正常情况下矿井涌水量的高峰值。

9.21

淹井　mine flooding;flooded mine

由于矿井突水或其他原因,涌水量大于排水能力,在较短时间内把坑道或整个矿井淹没的现象。

9.22

矿井突水　water inrushin mine;water irruptionin mine

大量地下水突然涌入井巷的现象。

9.23

顶板突水　bursting water from roof bed

来自开采煤层顶板以上含水层的突水。

9.24

底板突水　bursting water from bottom bed

来自开采煤层底板以下含水层的突水。

9.25

陷落柱突水　water bursting

由岩溶塌陷所形成的陷落柱作为进水通道所引发的矿井突水。

9.26

断层带突水　water bursting from fault zone

开采过程遇断层所引发的突水。

9.27

突水系数　coefficient of water inrush

开采煤层与含水层之间的隔水层所承受的最大静水压力与其厚度的比值。

9.28

流砂 **quick sand**

被水饱和后能产生流动的松散砂土。

9.29

矿井涌砂 **sand gushing in mine**

地下水和泥砂同时涌入井巷的现象。

9.30

临界隔水层厚度 **critical thickness of aquifuge**

能阻止底板突水的隔水层最小厚度。

9.31

临界水压值 **critical head**

导致底板隔水层破裂的最小水压值。

9.32

矿井防治水 **prevention and control of mine water**

为防止和治理地表水和地下水流入矿井、巷道、采区以致危害采矿工作所采取的措施。

9.33

矿井探水 **water prospection of mine**

采掘前,利用各种手段探明采掘工作面周围的水源和含水情况的作业。

9.34

矿井排水 **mine drainage**

矿井内,敷设排水沟或排水管,把水汇集流入水仓,再排到地面的作业。

9.35

矿井疏干 **draining of mine**

用人工排水措施,降低含水层的水位或水压,减少或消除井、巷涌水量,防止井下突水的作业。

9.36

矿井堵水 **water blocking in mine;sealing of mine water**

用各种方法和材料封堵井下突水点或充水通道,以减少和消除矿井涌水量的作业。

9.37

矿井截流   water interception in mine

在查清地表水和地下水对矿井充水的主要通道的基础上,有计划、有目的地切断水源,以减少或消除矿井涌水量的措施。

9.38

注浆堵水   grouting for water blocking

把浆液压入井下突水点或可能突水的地点拦截水源,以减少或消除矿井涌水量的措施。

9.39

帷幕注浆   curtaing routing

在井下集中进水的地段进行注浆,使之形成截水帷幕,以拦截地下水源的作业。

9.40

防水煤柱   water barrier;barrier;water prevention barrier

在矿井可能受到水害威胁的地段,为防止地下水和地表水突然涌入井巷、采区而保留一定宽度和高度的煤柱。

9.41

防水门   water proof door;water door

在井下可能受到水害威胁的地点,为预防突水而设置的截水闸门(防水闸门)。

9.42

防水墙   water proof dam;mine dam

在井下可能受到水害威胁的地点,为预防突水而设置的截住水源的墙。

9.43

工程地质条件   engineering geological condition

各种对工程建设有影响的地质因素的总称。

9.44

工程地质问题   engineering geological problem

与人类工程活动有关的地质问题。

9.45

岩石的物理性质　rock physical property

由岩石组成矿物、岩石结构等因素所表现出的岩石自然属性。

9.46

岩石的力学性质　mechanical property of rock

岩体在外力作用下所表现出的性质。

9.47

岩石的水力性质　water-property of rock

岩石与水相互作用时所表现出的性质。

9.48

岩石软化性　softening of rock

岩石浸水后力学强度降低的特性。一般用软化系数表示。

9.49

软化系数　softening coefficient

表示岩石吸水前后力学强度变化的物理量。指岩石饱水后的极限抗压强度与干燥时的极限抗压强度之比。

9.50

软弱结构面　plane of weakness

力学强度明显低于围岩的结构面。

9.51

软弱岩石(软岩)　weak rock

力学强度低,遇水容易软化,在外力作用下易产生压缩变形的岩石。

9.52

软弱夹层　weak inter bed,weak intercalated layer

在未经风化或构造破坏的条件下,坚硬岩石中夹有相对较软弱的薄层岩。

9.53

环境地质　environmental geology

运用地球科学规律,研究地球作用过程、地球资源以及地球物质及其对人类和生物生态环境的影响等。

9.54

地质环境 geological environment

自然环境的一种,主要指固体地球表层地质体的组成、结构和各类地质作用于现象给人类所提供的环境。

9.55

地质环境容量 capacity of geological environment

在不影响人类健康和社会经济发展的前提下,一个特定地质空间可能承受人类社会-经济活动发展的最大潜能。

9.56

地质环境质量 quality of geological environment

一个特定地质空间适应人类社会-经济活动发展的程度。

9.57

矿山地质环境问题 geological environment problem in mine

矿业活动作用于地质环境所产生的环境污染和环境破坏。

9.58

矿山水土污染 water-soil pollution of mine

矿山开采过程中,矿区及其附近水土遭受的污染。

9.59

矿山废气污染 off gas pollution of mine,waste gas pollution of mine

矿山开采过程中,由废气造成的污染。

9.60

矿山废液污染 exhausted pollution of mine,liquid waste pollution of mine

由矿山开采过程中产生的废液所造成的污染。

9.61

矿山固体废弃物污染 solid waste pollution of mine

矿山固体废弃物造成的污染。

9.62

矿业废弃地 waste land of mining

采矿活动所破坏和占用、非经整治而无法使用的土地。

9.63

矿山粉尘　mine dust

矿山在采掘过程中所产生的固体物质细微颗粒的总称。

9.64

开采沉陷　mining subsidence

井工矿在开采过程中,因将原生矿体和伴生的废石采出后,形成大小不等的地下空间,在重力作用下而形成地面陷落的现象。

10　煤炭钻探工程

10.1

钻探设备　drilling equipment

钻孔施工所使用的地面设备总称,包括钻机、泥浆泵、动力机、钻塔及其他附属设备。

10.2

钻探工具　drilling tools

钻孔施工所使用的孔内各种机具以及小型地面机具的总称。

10.3

钻探工艺　drilling technology

钻孔施工所采用的各种技术方法、措施以及施工工艺过程。

10.4

钻进、钻探　drilling

钻头钻入地层或其他介质形成钻孔的过程称钻进,以探明地下资源及地质情况的钻进称钻探。

10.5

取心钻进　core drilling

以采取圆柱状岩矿心为目的的钻进方法与过程。

10.6

不取心钻进　non-core drilling

破碎全部孔底岩石的钻进方法与过程。

10. 7

扩孔钻进   reaming

扩大原有钻孔直径或扩大某一孔段直径的钻进方法与过程。

10. 8

封孔   sealing of hole

为防止地表水和地下含水层通过钻孔与有用矿体串通,终孔后对钻孔进行的止水封填工作。

10. 9

煤田钻探   coal drilling

为探明煤炭资源,研究解决其他地质问题所进行的钻探工作。

10. 10

水文钻探   hydro-geological drilling

以水文地质勘察为目的的钻探工作。

10. 11

工程地质钻探   engineering geological drilling

以工程地质勘察为目的的钻探工作。

10. 12

地热钻探   geothermal drilling

以勘探或开发地热资源为目的的钻探工作。

10. 13

岩石可钻性   rock drillability

岩石被碎岩工具钻碎的难易程度。

10. 14

岩石破碎方法   method of rock fragmentation

施加不同种类的能破碎岩石的方法。

10. 15

钻孔   drill hole

根据地质或工程要求钻成的柱状圆孔。

10. 16

垂直孔   vertical hole

轴线呈铅垂直线的钻孔。

10.17

斜孔　inclined hole

轴线呈倾斜直线的钻孔。

10.18

水平孔　horizontal hole

轴线呈水平直线的钻孔。

10.19

定向孔　directional hole

利用钻孔自然弯曲规律或采用人工造斜工具,使其轴线沿设计的空间轨迹延伸的钻孔。

10.20

钻井　well

以开采液、气态矿藏为主要目的,在地壳内钻成的柱状圆孔。

10.21

孔径　hole diameter

钻孔横断面的直径。

10.22

孔深　hole depth

钻孔轴线的长度。

10.23

钻孔结构　hole structure

构成钻孔剖面的技术要素。包括钻孔总深度、各孔段直径和深度、套管或井管的直径、长度、下放深度和灌浆部位等。

10.24

钻机　drill

驱动、控制钻具钻进,并能升降钻具的机械。

10.25

泥浆泵　mud pump

向钻孔内泵送冲洗液的机械。

10.26

钻塔、桅杆   derrick, mast

升降作业和钻进时悬挂钻具、管材用的构架。单腿构架称桅杆,桅杆需用绷绳稳定,往往可以整体起落或升降。

10.27

钻探机组   drilling rig

钻机、泥浆泵、动力机以及钻塔等配套组合的钻探设备。

10.28

钻杆   drillrod, drillpipe

连成管柱后,用来传递破碎底岩石的功率、输送冲洗介质的金属管。

10.29

钻铤   drill collar

位于钻杆柱与岩心管或钻头之间的厚壁钻杆。用作对钻头施加钻压,改善钻杆柱受力工况。

10.30

套管   casing

用螺纹连接或焊接成管柱后下入钻孔中,保护孔壁、隔离与封闭油、气、水层及漏失层的管材。

10.31

岩心管   core barrel

在岩心钻进中,用于容纳及保护岩心的管件或管组。

10.32

取心钻头   core bit

在钻进中以环状端面破碎岩石,可获得圆柱状岩石样品的钻头。

10.33

不取心钻头   non-core bit

在钻进中以全部圆形底面破碎岩石的钻头。

10.34

硬合金钻头   hard-metal bit

镶嵌有硬合金切削具的钻头。

10. 35

金刚石钻头　diamond bit

用金刚石及其制品作为碎岩材料制造的钻头。

10. 36

牙轮钻头　rock bit

依靠钻头基体上可转动的牙轮进行碎岩的钻头。

10. 37

刮刀钻头　drag bit

由若干翼片状刃具组成的碎岩钻头。

10. 38

冲击钻头　percussion bit

靠冲击功破碎岩石的钻头。

10. 39

扩孔钻头　reaming bit

扩大钻孔直径使用的钻头。

10. 40

回转钻进　rotary drilling

靠回转器或孔底动力机具转动钻头破碎孔底岩石的钻进方法。

10. 41

冲击钻进　percussion drilling

借助钻具重量，在一定的冲程高度内，周期性地冲击孔底破碎岩石的钻进。

10. 42

冲击回转钻进　percussive-rotary drilling

用冲击器产生的冲击功与回转式钻进相结合的钻进。

10. 43

振动钻进　vibrato-drilling

用振动器产生振动实现碎岩的钻进。

10. 44

振动回转钻进　vibro-rotary drilling

用振动器产生振动与回转相结合实现碎岩的钻进。

10. 45

硬合金钻进　tungsten-carbide drilling

用硬合金钻头碎岩的钻进。

10. 46

金刚石钻进　diamond drilling

利用金刚石钻头碎岩的钻进。

10. 47

牙轮钻进　rochbit drilling

利用外轮钻头旋转时产生的复合运动破碎岩石的钻进。

10. 48

刮刀钻头钻进　dragbit drilling

利用刮刀钻头碎岩的钻进(一般为不取心钻进)。

10. 49

优化钻进　optimized drilling

合理选择和调节钻进工艺和参数,保持最佳经济技术效益的钻进技术。

10. 50

程控钻进　program-controlled drilling

由计算机按程序控制钻进过程的钻进技术。

10. 51

反循环钻进　reverse circulation drilling

携带岩屑的冲洗介质由钻杆内孔返回地面的钻进技术。

10. 52

绳索取心钻进　wire-line core drilling

利用带绳索的打捞器,以不提钻方式经钻杆内孔取出岩心容纳管的钻进技术。

10. 53

反循环连续取心(取样)钻进　center samplere covery (CSR)

利用冲洗介质反循环,连续将岩心(岩样)经钻杆内孔输出地表的钻进技术。

10. 54

钻压　weight on bit (WOB)

沿钻孔轴线方向对碎岩工具施加的压力,以"F"表示。

10.55

转速 rotary speed

单位时间内碎岩工具绕轴线回转的转数. 以"n"表示,单位为 r/min。

10.56

冲洗液量 flowrate

单位时间内泵入孔内的冲洗液体积。以"Q"表示。

10.57

工作泵压 pump working pressure

冲洗液在孔内循环时克服各种阻力或孔内钻具所需的压力。以"P"表示。

10.58

钻孔冲洗液 drilling fluid

钻探过程中使用的循环冲洗介质,简称"冲洗液"。

10.59

正循环 direct circulation

冲洗介质从地表经钻杆内孔到孔底,然后由钻杆与孔壁的环状空间返回地表的循环。

10.60

反循环 reverse circulation

冲洗介质从地表经钻杆与孔壁的或双壁钻杆间的环状空间流向孔底,然后经钻杆内孔返回地表的循环。

10.61

孔壁稳定性 hole wall stability

钻孔孔壁岩层在钻探过程中保持其原始状态的特性。

10.62

钻孔漏失 loss of circulation

孔内液体在压差下流入孔隙性孔壁岩层的过程。

10.63

堵漏 shot-off of loss

处理冲洗液漏失的作业。

10.64

取样   sampling

从钻孔内采取岩土样品作为地质资料的工作。

10.65

岩心   core

岩心钻头钻出的圆柱形岩矿样品。

10.66

取心钻具   coring tools

钻取岩矿心的工具。

10.67

绳索取心钻具   wire-line coring system

用于绳索取心钻进的钻具。

10.68

煤心采取器   coal coring tool

煤田钻探过程中,专门用于采取煤心的一种特殊器具。同义词"取煤器""取煤管"。

10.69

煤心采取率   coal core recovery

指某一段孔深内采取的煤心长度与该段煤层进尺之比;或采取的煤心质量与钻进煤层应有的煤心质量之比,用百分数表示。

10.70

方位角   azimuth

在水平面上,自正北向开始,沿顺时针方向,与钻孔轴线水平投影上某点的切线之间的夹角称为钻孔在该点的方位角,以"α"表示。

10.71

顶角   drift angle

钻孔轴线上某点沿轴线延伸方向的切线与垂线之间的夹角称为该点的顶角,以"θ"表示。

10.72

倾角   inclination angle,dip angle

钻孔轴线上某点沿轴线延伸方向的切线与其水平投影之间的夹角称为钻孔在该点的倾角,以"β"表示。

10.73

钻孔偏斜测量 hole deviation survey

测量钻孔某点顶角、方位角的作业。被代替的同义词:"钻孔弯曲测量"。

10.74

控制钻孔偏斜钻具 drill tool for controlling hole deviation

用于控制钻孔偏斜的钻具。

10.75

初级定向孔 preliminary directional hole

利用地层自然偏斜规律而到达靶点的钻孔。

10.76

多孔底定向孔 multi-bottom directional hole

在主孔中有若干分枝孔的定向孔。

10.77

定向钻进器具 directional drilling tools

用于定向钻进的偏斜工具。

10.78

定向技术 directional technology

采用定向钻进器具及施工工艺使钻孔沿预定方向偏斜的技术。

10.79

孔底动力钻进 down-hole motor drilling

利用置于钻孔底部的动力钻具,直接驱动钻头破碎岩石的钻进方法。

10.80

孔底动力机 down-holemotor

置于钻孔底部直接驱动钻头的特殊结构马达。

10.81

液动冲击器 hydro-percussive tools

以高压液流为动力源的孔底冲击器。

10.82

涡轮钻具　turbo drill

高压液体流经涡轮驱动主轴带动钻头回转破碎岩石的孔底动力钻具。

10.83

气动冲击器　air hammer

以压缩空气作为动力介质的冲击器。

10.84

成井工艺　well completion technology

水文钻孔或供水井钻成后,安装井内装置的施工工艺。包括:换浆、探井、下管、填砾、止水、洗井、抽水试验等工序。

10.85

换浆　displacement slurry

用稀泥浆更换稠浆的工序。

10.86

探井　ascertaining well

探查井深与井径的工序。

10.87

井管　well casing

安装在地下的取水管道。由井壁管、过滤管、沉砂管组成。

10.88

下管　pipe sinking

将井管依次下入井内的工作。

10.89

填砾　gravel packing

将选好的砾料投入过滤管与井壁之间的环状间隙中的工序。

10.90

止水　water shut-off

隔离含水层之间的地下水力联系的工序。

10.91

洗井　well flushing

清除井内过滤周围钻屑和泥砂,疏通含水层,并在过滤管周围形成良好的滤水层的工序。

10.92

抽水试验　development test,pumping test

在水文钻孔或水井中进行抽水,取得含水层各种水文地质参数和各种水力联系等资料并检查止水和洗井质量的工序。

10.93

卡钻　drill rod sticking

因孔壁掉块、键槽或缩径等使孔内钻具提升受阻的孔内事故。

10.94

埋钻　drill rod burying

孔内钻具被岩粉、岩屑沉淀或被孔壁坍塌(或流砂)埋住,不能回转和提升,冲洗液不能流通的孔内事故。

10.95

烧钻　bit burnt

钻进中因冷却不良或无冲洗液流通,使钻具下端与孔底岩石、岩粉、孔壁烧结在一起的孔内事故。

10.96

断管　breaking off

钻具在孔内折断的孔内事故。

10.97

跑钻　rundown of drill string

升降钻具时,钻具掉入孔内的事故。

10.98

套管事故　casing trouble

孔内套管因固定不牢或螺纹磨断造成的下移和脱节的事故。

10.99

开孔　starting a hole

钻场修建后,用短粗径钻具在地面开始钻进以形成钻孔的工作。

10. 100

下钻　running in

将钻具依次下入孔内。

10. 101

给进　feed-in

用钻机给进机构控制钻具钻进使钻孔向深部延伸。

10. 102

倒杆　recheck

在钻进过程中,钻机给进装置下行至最下位置时,松开卡盘,将其上行至最上位置,拧紧卡盘,继续钻进。

10. 103

加压钻进　forced feed drilling

钻具质量小于所需钻压时,用钻机给进装置加压,以实现钻进的作业。

10. 104

减压钻进　reduced bit load drilling

钻具质量大于所需钻压时,用钻机给进装置减压,以实现钻进的作业。

10. 105

采心　core picking

由钻杆内通孔投入卡料,使岩心与钻头、岩心管内壁卡紧;或提动钻具使岩心提断器卡紧岩心,然后提断岩心的作业。

10. 106

捞砂　fishing dust

将专用工具下入孔内,大泵量冲洗,以捞取孔底岩粉、金属粉末和其他碎屑的作业。

10. 107

冲孔　bring bottom up

下钻后或提钻前,开大泵量,冲洗钻孔,保持孔内清洁的作业。

10. 108

扫孔　drill off

用钻具扫除孔壁和孔底的障碍物的作业。

10.109

糊钻　ball-up

黏性岩粉黏附在粗径钻具的外表面的现象。同义词:"泥包"。

10.110

纠斜　deviation correction

使用专用工具纠正已偏斜钻孔的作业。

10.111

造斜　deflecting,side-tracking

用专用工具使钻孔按要求偏斜的作业。

11　煤炭地球物理勘探

11.1

煤炭地球物理勘探　coal geophysical prospecting;coal geophysical exploration
煤田物探

利用煤岩层的物理性质进行寻找和查明煤炭资源和研究解决其他地质问题
所进行的勘查工作。

11.2

煤炭地震勘探　coal seismic prospecting;coal seismic exploration

利用人工激发的地震波在不同岩、煤层内的传播规律探测含煤岩系分布范
围,查明煤层或其他有关地层分界面深度和起伏形态;研究、查明地质构造,解决
水文地质与工程地质等问题的物探方法。

11.3

煤炭电法勘探　coal electrical prospecting;coal electrical exploration

根据岩石、煤等的电性差异,确定含煤岩系分布范围、研究地质构造和解决
水文地质与工程地质等问题的物探方法。

11.4

煤炭重力勘探　coal gravity (gravitatonal) prospecting;coalgravity (gravita-
tonal) exploration

根据岩石、煤等的密度差异所引起的重力场局部变化,圈定含煤岩系分布范
围,研究地质构造等问题的物探方法。

11.5

煤炭磁法勘探   **coal magnetic prospecting；coal magnetic exploration**

根据岩石、矿体等的磁性差异所引起的磁场局部变化，圈定含煤岩系、岩浆岩、煤层燃烧带等的分布范围，研究地质构造及结晶基底起伏等问题的物探方法。

11.6

反射波法地震勘探   **seismic reflection survey；seismic reflection prospecting；seismic reflection exploration**

运用地震反射法研究地质构造和地层（煤层）特征，并为煤炭资源勘探和开发提供依据。

11.7

折射波法地震勘探   **seismic refraction survey；seismic refraction prospecting；seismic refraction exploration**

利用地震折射波在岩、煤层内的传播规律，确定地下折射界面的深度及其性质，以解决地质问题的物探方法。

11.8

二维地震勘探   **two-dimensional（2-D）seismic method；two-dimensional（2-D）seismic survey**

沿测线进行地震资料采集的一种方法。

11.9

三维地震法   **three-dimensional（3-D）seismic method；three-dimensional（3-D）seismic survey**

在一块面积上进行地震资料采集的一种方法，其目的是确定地下地质结构在三维空间中的关系。

11.10

地震剖面   **seismic section，seismic profile**

沿一条测线记录的地震资料，由该测线的全部地震记录构成。垂直比例尺通常是到达时间，但有时是深度，数据也有可能是偏移过的。

11.11

水平切片   **horizontal section；time-slicemap**

对应于某一到达时间(或偏移数据的某一深度)的一个数据点网格的地震成果的显示。

11.12

层位切片图 horizon-slice map

沿层切片图

一种显示三维地震数据体中同一反射界面的数据层切片图。

11.13

直流电法 direct current electric method(D. C. electric method)

研究与地质体有关的直流电场的分布特点和规律,以进行找矿和解决某些地质问题的物探方法。

11.14

交流电法 alternating current electric method(A. C. electric method)

研究与地质体有关的交变电磁场的建立、传播、分布特点和规律,以进行找矿和解决某些地质问题的物探方法。

11.15

电阻率剖面法 resistivity profiling;electrical profiling

电剖面法

供电电极和测量电极的电极距保持不变,沿剖面方向逐点测量岩石的视电阻率值,根据其变化,以研究地下一定深度地质情况的物探方法。

11.16

电阻率测深法 resistivity sounding;electrical sounding

电测深法

在测深点上,逐次加大供电电极的电极距,测量岩石的视电阻率值,根据其变化,以研究地下不同深度地质情况的物探方法。

11.17

瞬变电磁法 transient electromagnetic method (TEM)

一种电磁法勘探,其发射信号的波形特征为脉冲、阶跃函数、斜坡函数或其他可以认为是非周期性的形式,在一次场停止变化后进行测量的方法。

11.18

充电法 misc-a-la-massc method

对探测对象进行充电,观测其电场分布特征和规律,以研究、分析矿体或老窑、采空区、溶洞等在地下的分布及地下水流速、流向等问题的物探方法。

11.19

自然电场法　natural electrical field method;self-potential method

研究和利用地下自然电场,进行找煤和解决水文地质等问题的物探方法。

11.20

激发极化法　induced polarization method

根据岩石、煤等的激发极化效应来找煤和解决水文地质与工程地质等问题的物探方法。

11.21

电磁频率测深法　frequency sounding method

频率测深法

研究不同频率的人工交变电磁场在地下的分布规律,探测岩石、煤等视电阻率随深度的变化,以了解地质构造和进行找煤的物探方法。

11.22

无线电波透视法　radio penetration method

阴影法

根据岩石、煤等对电磁波的吸收能力不同,探测断层、无煤带、煤层变薄带、岩溶陷落柱、老窑、岩溶等的物探方法。

11.23

地质雷达法　geological radar method

利用高频电磁波束的反射规律,探测断层、岩溶陷落柱、溶洞,解决水文地质与工程地质等问题的物探方法。

11.24

槽波地震法　channel wave seismic method;in-seam seismic method

利用槽波的反射或透射规律探测断层,了解煤层厚度变化的矿井物探方法。

11.25

煤田地球物理测井　coal geophysical logging;coal geophysical log

煤田测井

在煤田地质勘探和煤矿生产中,为查明煤炭资源,研究解决其他地质问题,在地质勘探钻孔中所进行的物探工作。

11.26

 电测井 **electrical logging；electrical log**

 以研究钻孔中岩、煤层的电性差异为基础的测井方法。

11.27

 电阻率测井 **resistivity logging；resistivity log**

 根据钻孔内岩、煤层电阻率的差别，研究钻孔地质剖面的测井方法。

11.28

 侧向测井 **lateral logging；lateral log**

 使用聚焦电极系的电阻率测井方法。

11.29

 自然电位测井 **self-potential logging；self-potential log**

 沿孔壁测量岩、煤层在自然条件下产生的电场电位变化，以研究钻孔地质剖面的测井方法。

11.30

 放射性测井 **radioactivity logging；radioactivity log；nuclear logging**

 核测井

 在地质勘探钻孔中，利用岩石的天然放射性、人工伽马源产生的伽马射线与岩层的相互作用以及中子与岩层的相互作用等所产生的一系列效应，研究岩层性质和检查钻孔情况的测井方法。

11.31

 自然伽马测井 **natural gamma-ray logging；natural gamma-ray log**

 沿孔壁测量岩层的自然 γ 射线强度，以研究岩层划分和地层对比等的测井方法。

11.32

 伽马-伽马测井 **gamma-gamma logging；gamma-gamma log**

 使用人工伽马射线源沿孔壁照射岩层，以探测经岩层散射后的 γ 射线强度为基础的测井方法。

11.33

 中子测井 **neutron logging；neutron log**

使用中子源沿孔壁照射岩层，以研究中子与岩层相互作用产生的各种效应为基础的测井方法。

11. 34

声波测井　acoustic logging；acoustic log；sonic logging；sound logging；sound log

研究声波在孔壁滑行波的传播速度和其他声学特性，以确定岩层性质的测井方法。

11. 35

水文地质地球物理勘探（简称水文物探）　hydrogeophysical prospecting；hydrogeophysical exploration；geophysical prospecting for hydrogeology

为查明煤矿水文地质条件，研究解决影响矿井建设和生产的水文地质问题所进行的物探工作。包括地面物探、水文测井和遥感技术等。

11. 36

矿井地球物理勘探　mine geophysical prospecting；mine geophysical exploration

矿井物探

在矿井开采过程中，为探查小构造、陷落柱、煤层厚度变化等所进行的物探工作。

11. 37

航空地球物理勘探（简称航空物探）　aerogeophysical prospecting

通过飞机上装载专用物探仪器，在飞行过程中探测各种地球物理场的变化，研究地质构造和找矿的物探方法。

12　煤炭遥感

12. 1

遥感　remote sensing

不接触地物本身，利用遥感器收集目标物的电磁波信息，经处理、分析后，识别目标物、揭示目标物几何形状大小、相互关系及其变化规律的科学技术。

12. 2

航空遥感　aerial remote sensing

以空中的飞机、飞艇、气球等航空飞行器为平台的遥感。

12.3

航天遥感　space remote sensing

在地球大气层以外的宇宙空间,以人造卫星、宇宙飞船、航天飞机、火箭等航天飞行器为平台的遥感。

12.4

多波段遥感　maltispectral remote sensing

将物体反射或辐射的电磁波信息分成若干波谱段进行接收和记录的遥感。

12.5

可见光遥感　visible spectral remote sensing

遥感器工作波段限于可见光波段范围之内的遥感。

12.6

红外遥感　infrared remote sensing

遥感器工作波段限于红外波段范围之内的遥感。

12.7

微波遥感　microwave remote sensing

遥感器工作波段限于微波波段范围之内的遥感。

12.8

高光谱遥感　hyperspectral remote sensing

具有高光谱分辨率(波段宽度小于 10 nm)的遥感。

12.9

遥感信息　remote sensing information

利用各种电子和光学遥感器,在高空或远距离处,接收到来自地面或地面以下一定深度的地物辐射或反射的电磁波信息。

12.10

遥感影像　remote sensing image

利用遥感器对地球表面摄影或扫描获得的影像。包括:光学摄影成像的航空像片、紫外和近红外像片;以及用各种类型扫描仪成像的单谱段影像(如紫外、红外、被动微波影像和雷达影像)和多谱段扫描影像(如 TM 和 SPOT 影像等)。

12. 11

遥感图像处理   remote sensing image processing

对遥感图像进行图像数字化、复原、几何校正、增强、镶嵌、彩色合成、统计、分类和信息提取等处理的各种技术方法的统称。

12. 12

影像结构   image texture

影像纹理

由像元点阵的灰度、色彩等变化频率表征的图像光滑、粗糙现象或均匀、斑状等组合特征。

12. 13

影像构造   image structure

由一种或几种图像结构有规律地排列组合构成的图案。

12. 14

空间分辨率   spatial resolution

遥感器所能分辨的最小目标的大小。

12. 15

光谱分辨率   spectral resolution

指遥感器在接收目标辐射的光谱时,能分辨的最小的波长间隔,或是指对两个不同辐射源的光线波长的分辨能力。

12. 16

图像比例尺   image scale

图像上的线段与地面上相应线段长度之比。

12. 17

遥感解译   remote sensing interpretation

在遥感图像中识别和圈定某种目标物特征影像、赋予特定属性和内涵以及测量特征参数的过程。

12. 18

信息提取   information extraction

利用计算机识别和提取特定信息的过程。

12.19

解译标志　interpretation indicator

图像中可以用来区分相邻物体或确定物体属性的波谱特征和空间特征,如色调、色彩;结构与构造;形状、大小和高低;地形与地貌;特定的空间位置以及与周围地物的相关关系等。

12.20

特征解译标志　special indicator of interpretation

相同的自然地理—地质景观区中,某地质体、地质现象特有的比较稳定的一种或几种解译标志的组合。

12.21

线性构造　lineament

遥感图像上,被认为与地质作用有关的直线、弧线、折线状的线性(状)影像特征。

12.22

环性构造　ring structure

遥感图像上,反映地质构造的环状影像特征。

12.23

遥感地质　remote sensing geology

综合应用遥感技术,进行各类地质调查和地质勘查的手段和方法。

12.24

资源遥感　resources remotesensing

以地球资源作为调查研究对象的遥感方法和实践。概查自然资源和监测再生资源的动态变化。

12.25

煤炭遥感　remote sensing in coal industry

综合应用遥感技术,进行各类煤炭资源调查、煤炭地质勘查、煤田地质及水文地质填图和矿区环境地质、煤层火灾调查与监测的手段和方法。

12.26

煤田遥感地质调查　remote sensing geological survey on coalfield

以遥感资料为信息源,以地质体、地质构造和煤层等地质现象对电磁波响应的特征影像为依据,通过遥感地质解译提取信息、测量地质参数、填绘煤田地质图件和研究煤田地质问题。

12.27

遥感煤田地质填图　coalfield geological mapping by remote sensing

采用航空、航天遥感技术和方法,结合常规地质手段,通过系统地质解译和观测,采集并编辑各种地质信息。研究岩石、地层、构造、煤层赋存特征及地表地质规律,进行相应比例尺煤田地质填图,为不同阶段的煤田地质勘查提供基础地质资料。

12.28

遥感制图　remote sensing cartography

通过对遥感图像目视判读或利用图像处理系统对各种遥感信息进行增强与几何纠正并加以识别、分类和制图的过程。

12.29

影像地质图　photo geological map

在遥感图像上,按地质成图的要求,标绘出有关地形和地质内容,构成一种地质与地形影像叠合在一起的地质图件。

附加说明:

GB/T 15663《煤矿科技术语》分为如下几部分:

——第 1 部分:煤炭地质与勘查;

——第 2 部分:井巷工程;

——第 3 部分:地下开采;

——第 4 部分:露天开采;

——第 5 部分:提升运输;

——第 6 部分:矿山测量;

——第 7 部分:开采沉陷与特殊采煤;

——第 8 部分:煤矿安全;

——第 10 部分:采掘机械;

——第 11 部分:煤矿电气。

本部分为 GB/T 15663 的第 1 部分。

本部分代替 GB/T 15663.1—1995《煤矿科技术语　煤田地质与勘探》。

与 GB/T 15663.1—1995 相比,本部分主要作了如下补充和修改:

——名称《煤矿科技术语　煤田地质与勘探》改为《煤矿科技术语　第 1 部分:煤炭地质与勘查》。

——对煤炭资源/储量按相关定义进行了修改。

——增加了"7　煤层气地质学"和"12　煤炭遥感"。

——对部分术语的定义进行了修改和增补。

本部分由中国煤炭工业协会提出。

本部分由全国煤炭标准化技术委员会归口。

本部分起草单位:中国煤炭地质总局、中国矿业大学(北京)。

本部分主要起草人:孙升林、曹代勇、吴国强、程爱国、王佟、孙玉臣、袁同兴、李生红、赵镨、宁树正、孙顺新、李壮福、唐跃刚。

本部分所代替标准的历次版本发布情况为:

——GB/T 15663.1—1995

中华人民共和国国家标准

煤矿科技术语 第2部分：井巷工程

Terms relating to coal mining-Part 2：Shafting and
drifting engineering

GB/T 15663.2—2008

代替 GB/T 15663.2—1995

1 范围

本部分规定了井巷工程一般术语、特殊凿井法、井巷掘进、凿井设施、井筒装备和通道、装岩调车、井巷支护、井筒延深等术语。

本部分适用于与井巷工程有关的所有文件、标准、规程、规范、书刊、教材和手册等。

2 一般术语

2.1

矿井建设 mine construction

井巷施工、矿山地面建筑施工和机电设备安装三类工程的总称。

2.2

井巷 mine workings；workings

为进行煤炭开采、运输、提升作业，在地层内开凿的一系列通道和硐室的总称。

2.3

立井 vertical shaft；shaft

竖井

服务于煤炭、设施、人员提升和通风，在地层中开凿的直通地面的竖直通道。

2.4

斜井 inclined shaft；incline；slope

服务于煤炭、设施、人员提升和通风，在地层中开凿的直通地面的倾斜通道。

2.5

平硐 adit；adit entry；drift

服务于煤炭、设施、人员运输和通风,在地层中开凿的直通地面的水平通道。

2.6

井筒 shaft；slant

泛指立井和斜井,也包括暗井。

2.7

井口 shaft mouth

井筒和平硐的地面出入口。

2.8

井颈 shaft collar

井口以下井壁需加厚、加强的一段井筒。

2.9

井身 shaft body

井筒的主体部分,竖井从井颈到马头门、斜井从井颈到变坡点。

2.10

马头门 ingate；inset

立井井筒与井底车场水平巷道的连接过渡部分硐室。

2.11

井窝 shaft sump

位于马头门下的一段盲井筒,主要用于储存淋水和提升容器检修。

2.12

主井 main shaft

主要用于提升煤炭,也可作为进风的立井或斜井。

注:一般竖井装备有箕斗,也称箕斗井,斜井装备皮带,也称皮带井。

2.13

副井 auxiliary shaft；subsidiary shaft

主要用于提运人员、矸石、材料设备,也可作进风的井筒。

2.14

矸石井 muck shaft

主要用于提升矸石的井筒。

2.15

混合井　skip-cage combination shaft；shaft provided with skip and cage

同时具有主、副井功能的井筒。

2.16

风井　ventilating shaft；air shaft

主要用于通风的井筒。

2.17

井壁　walling；shaft lining；shaft wall

在井筒围岩表面构筑的、具有一定厚度和强度的整体构筑物。

2.18

井壁破裂　shaft wall break

井壁在荷载作用下发生的破坏。

2.19

巷道　roadway；road；drift

服务于煤炭开采，在岩体或煤层中开凿的不直通地面的水平或倾斜通道的总称。

2.20

水平巷道　drift；entry；level drift

平巷

近于水平的巷道。

2.21

倾斜巷道　incline drift

斜巷

有明显坡度的巷道。

2.22

岩石巷道　rock drift

岩巷

在掘进断面内，岩石面积占全部或绝大部分（大于 80%）的巷道。

2.23

煤巷　coal roadway；coal road；coal drift；gate

在掘进断面中,煤层面积占全部或绝大部分(大于 80%)的巷道。

2.24

煤岩巷道　coal-rock drift

在掘进断面中,岩石或煤所占面积介于岩巷和煤巷之间的巷道。

2.25

井巷工程　shaft and drift engineering

在地下开凿各类井巷的工程。

2.26

[普通]凿井　sinking;shaft sinking

井筒开挖、临时支护和井壁砌筑作业的总称。

2.27

巷道掘进　tunnelling

巷道开挖和支护作业的总称。

3　特殊凿井法

3.1

特殊凿井法　special method of shaft sinking;special shaft sinking method

在含水、不稳定的地层中,采用特殊技术、装备和工艺直接形成井筒或对地层进行处理后,再进行普通凿井的作业方法。

3.2

地层冻结　ground freeze

采用人工制冷技术冻结地层,以提高地层强度或隔绝地下水。

3.3

冻结凿井法　freeze sinking method;freeze sinking

冻结法

通过地层冻结使井筒周围形成帷幕,在帷幕的保护下进行普通凿井作业方法。

3.4

分段冻结　step freezing

分期冻结

将一个井筒所需的冻结深度分为数段,自上而下依次冻结的方法。

3.5

局部冻结　partial freezing

只对井筒的某一含水层或不稳定地段进行冻结的方法。

3.6

冻结孔　freezing hole；freeze hole

用于安设冻结器的钻孔。

3.7

冻结管　freezing tube

安装在冻结孔内，用于冷媒与地层交换热量的钢管。

3.8

长短管冻结　staggered freezing

根据井筒不同深度的地层情况和对冻结壁强度、厚度的不同要求，采用长、短冻结器间隔布置的冻结方法。

3.9

冻结器　freezing apparatus

包括冻结管、供液管、回液管等组成的热量交换装置。

3.10

单圈冻结管冻结　shaft freezing by single row freezing tube

单圈管冻结

在井筒周围布置一圈冻结孔的冻结方法。

3.11

多圈冻结管冻结　shaft freezing by multi-row freezing tube

多圈管冻结

以井筒为中心，布置两圈及以上冻结孔的冻结方法。

3.12

冻结壁　freezing wall；ice wall

在一定深度范围内，采用地层冻结方法，在井筒周围地层中形成具有一定厚度和强度的冻结圆筒。

3.13

冻结期　freezing period

为形成和维护冻结壁,连续向冻结器中输送冷媒剂的时间,包括冻结壁形成期和冻结壁维护期。

3.14

冻结壁形成期　formable period of freezing wall

积极冻结期

从开始冻结至冻结壁达到设计厚度和强度要求的时间。

3.15

冻结壁维护期　maintainable period of freezing wall

维护冻结期

消极冻结期

冻结壁形成后,在凿井阶段,为维护设计要求的冻结壁强度和厚度继续向冻结器输运冷媒剂的时间。

3.16

冻结壁交圈　connection of freezing column;closure of freezing wall;closure of ice wall

各相邻冻结孔的冻结圆柱逐渐扩大,互相连接开始形成封闭的冻结壁的现象。

3.17

冻结压力　freezing pressure;freeze expanding pressure

冻胀力

因地层冻结后体积膨胀而作用于井壁上的压力。

3.18

注浆　grouting

通过钻孔向有含水裂隙、空洞或不稳定地层压注水泥浆或其他浆液,以堵水或加固地层的方法,按注浆地点可分为地面预注浆和工作面预注浆。

3.19

注浆[凿井]法　cementation sinking;grouting sinking method

采用注浆后再进行凿井的作业方法。

3.20

地面预注浆　pre-grouting at surface ground;surface pregrouting

井筒开凿前,由地面通过钻孔对地下岩层进行的注浆作业。

3.21

注浆孔   grouting hole

用于向地层中压送浆液的钻孔。

3.22

止浆塞   packers for grouting

采用地面预注浆时，隔离注浆段与非注浆段，防止浆液流向非注浆段或流出孔口的装置。

3.23

止浆岩帽   rock plug

井巷工作面预注浆时，暂留在含水层上（前）方，能够承受最大注浆压力并防止向掘进工作面漏浆、跑浆的岩柱。

3.24

黏土浆   clay slurry

黏土经粉碎、除砂后与水混合形成一定密度的浆液。

3.25

黏土水泥浆   clay-cement grout

由黏土浆、水泥、硅酸钠等加水组成的悬浊浆液。

3.26

注浆深度   depth of grouting hole

根据含水层埋藏条件和井筒深度确定的注浆孔终孔深度。

3.27

注浆段高   stage height of grouting

将需要注浆岩层划分为若干段依次注浆时，每段的注浆长度。

3.28

布孔圈径   diameter of bore location

用以布置钻孔的以井筒中心点为圆心的圆的直径。

3.29

浆液有效扩散距离   effective diffusion length of grout

以注浆孔为中心，浆液径向向外扩散满足堵水加固目的有效距离。

3.30

浆液充填系数　**stowing factor of grout**

裂隙被浆液结石体充填密实程度,为结石体积所占裂隙体积的比例。

3.31

浆液结石率　**the rate of grout concretion**

浆液形成结石体的体积与浆液原体积的比值。

3.32

注浆终量　**final pump volume**

注浆结束时注浆泵流量。

3.33

下行式注浆　**downward grouting**

钻孔钻进与注浆自上而下分层或分段交替进行的注浆作业。

3.34

上行式注浆　**upward grouting**

注浆孔一次钻至设计深度自下而上分层或分段依次进行的注浆作业。

3.35

工作面预注浆　**pre-grouting from the site;face pregrouting**

在凿井和巷道掘进过程中,对地下岩层从工作面进行的注浆作业。

3.36

止浆垫　**grout cover;grouting pad**

工作面注浆时,预先在含水层上方构筑的,能够承受最大注浆压力并防止向掘进工作面漏浆、跑浆的混凝土构筑物。

3.37

止浆墙　**wall for grouting**

在巷道中需要注浆的地段,预先构筑的能够承受最大注浆压力并防止向巷道中漏浆、跑浆的混凝土构筑物。

3.38

壁后注浆　**grouting behind shaft and drift lining**

后注浆

井巷永久支护后,为减少淋水或加固地层,按设计要求向井壁或巷道壁后进行的注浆作业。

3.39

注浆压力　grouting pressure

注浆时,克服浆液流动阻力并使浆液扩散一定范围所需的压力。

3.40

注浆终压力　final pressure of grouting;final grouting pressure

注浆终压

注浆结束时注浆孔口输入浆液的压力。

3.41

钻井　shaft boring

用钻井机在地层中钻出井筒的作业。

3.42

钻井[凿井]法　shaft drilling method;sinking by shaft boring method

用钻井机钻凿立井井筒的凿井方法。

3.43

[钻井]泥浆　drilling mud

用水、黏土和添加剂按一定比例配制相的悬浊液,用于钻进时洗井、护壁、冷却钻头破岩刀具。

3.44

泥浆护壁　shaft wall protected by mud column;shaft wall protected by drilling mud;mud off

采用钻井法时,利用井内泥浆的静压强平衡地压与水压,并使泥浆渗入围岩形成泥皮,以维护井帮稳定的方法。

3.45

反循环洗井　flushing;mud flush

使用连续流体介质,通过压气反循环方式,将钻头破碎下来的岩土碎屑从井底清除出井的过程。

3.46

泥浆净化　purification of drilling mud

将泥浆中岩土碎屑分离出来的作业。

3.47

减压钻进 **pressure reducing drilling**

钻进时钻压小于钻头在泥浆中的重力的钻进工艺。

3.48

预制井壁 **precast shaft wall；precast shaft lining**

在地面预制的、作为井筒支护用的井壁底、钢筋混凝土或钢板-混凝土构成筒状结构物。

3.49

悬浮下沉 **floating and dropping method of cylindrical shaft wall**
漂浮下沉

钻井结束后，在充满泥浆的井筒中将预制的井壁底和井壁筒连接，在井筒内加水克服泥浆的浮力，使其缓慢地下沉并相应地接长井壁筒，沉入到设计深度的作业。

3.50

钻井壁后充填 **backwall filling**

井壁下沉到井底找正操平后，通过管路向井壁外侧与井帮之间的环形空间注入相对密度大于泥浆的胶凝状浆液，将泥浆自上而下置换出来并固结井壁的作业。

3.51

沉井[凿井]法 **drop shaft sinking；caisson sinking；shaft sinking by caisson method**

在不稳定的表土层中，利用井壁自重或加压，并采取各种减阻措施，使井壁下沉，在井壁保护下掘进，边掘进边下沉，并相应接长井壁的凿井方法。

3.52

[沉井]刃脚 **cutting shoe of caisson**

采用沉井法凿井时，为减少下沉的正面阻力，安设在井壁下端的刃状结构物。

3.53

震动沉井[法] **droping caisson by vibration**

在震动力的作用下，井壁震动使其周围地层液态化、减少下沉阻力的沉井凿井法。

3.54

淹水沉井[法]   **caisson sinking method in submerged water**

在井壁内灌满水，使井壁内外水、土压力（压强）平衡，以防止涌沙、冒泥事故的沉井凿井法。为减少井壁外侧面阻力，有壁后触变泥浆沉井法、壁后压气沉井法。

3.55

[壁后]触变泥浆沉井[法]   **drop shaft sinking method with mud filled behind caisson**

在井壁外侧灌注触变泥浆以减少下沉侧面阻力的沉井凿井法。

3.56

压气沉井法   **pneumatic caisson method；compressed air caisson method**

压气沉箱法

在井壁下部构筑无底腔室，并充入压缩空气，以杜绝下沉时涌沙、冒泥的沉井凿井法。

3.57

套井   **surface casing shaft guide-wall**

护井

采用沉井凿井法时，在井口外围预先做成的直径略大于沉井，并具有一定深度的一段构筑物。

3.58

帷幕凿井法   **concrete diaphragm wall method；curtain wall shaft sinking method**

在不稳定表土层中，沿井筒周围钻凿槽孔，灌注混凝土形成封闭的圆形保护墙后，在其保护下再进行凿井的方法。

3.59

槽孔   **trench hole**

采用帷幕凿井法时，将钻凿的相邻钻孔相互连续贯通，形成的环形并具有一定深度的槽沟。

4 井巷掘进

4.1

井巷掘进   **shaft and drift excavating；shaft and drift excavation**

进行井巷开挖和临时支护的作业。

4.2

井巷施工　sinking and drifting;shaft and drift construction

井巷掘进、支护、安装的作业总称。

4.3

普通凿井法　conventional shaft sinking method

在稳定的或含水较少的地层中,采用钻眼爆破或其他常规手段凿井的作业方法。

4.4

腰泵房　stage pump room

凿井时,在井身侧帮开凿的、用于中间转水的硐室。

4.5

超前小井　pilot shaft

超前于井筒掘进工作面的集水小井。

4.6

一次成井　full completed shaftsinking;simultaneous shaftsinking

掘进、永久支护和井筒装备三种作业平行交叉施工一次到底的井筒施工方法。

4.7

一次成巷　full completed drifting;simultaneous drifting

掘进、永久支护和水沟掘砌,在一定距离内,相互配合、前后衔接、最大限度地同时进行,一次完成的巷道作业方法。

4.8

板桩法　sheet pilling method

在不稳定地层中,先在井巷周边密集打入板桩而后在其保护下再掘进、支护的井巷作业方法。

4.9

混合作业法　mixed working method

在立井凿井中掘进和永久支护交叉作业一次到底的凿井方法。

4.10

撞楔法　wedging method

在不稳定地层或破碎带掘进或修复巷道时,先将带有尖端木板、型钢或钢轨从巷道工作面支架的顶梁和立柱的外侧成排打入,而后在其掩护下进行掘进作业的方法。

4.11

掩护筒法 shielding method;shield method

在不稳定地层中,先顶入金属筒体,而后在其掩护下进行井巷掘进的作业方法。

4.12

钻[眼]爆[破]法 drilling and blasting method

钻凿炮眼后装入炸药,爆破破碎岩石的方法。

4.13

导硐掘进法 pilot heading method;pilot tunnel method;method pilot drift method

对于大断面巷道或硐室,先掘进小断面超前导硐,然后再扩大到设计断面的掘进方法。

4.14

全断面掘进法 full-face excavating method

井巷整个断面一次爆破破碎岩石的掘进方法。

4.15

部分段面掘进机掘进法 boom-type roadheader driving method

采用部分断面掘进机掘进巷道的作业方法。

4.16

全断面掘进机掘进法 tunnelling boring driving method

采用全断面掘进机掘进巷道的作业方法,用于掘进断面为圆形的巷道。

4.17

台阶工作面掘进法 bench face driving method

巷道或硐室掘进工作面呈台阶状推进的方法。

4.18

单工作面掘进 single heading

同一掘进队伍只在一条巷道进行掘进作业。

4. 19

多工作面掘进　multiple heading

同一掘进队伍于同一时间在几个邻近工作面分别从事不同工序的掘进作业工序。

4. 20

独头掘进　blind heading

单头掘进

从巷道一端掘进完成整条巷道的作业方法。

4. 21

贯通掘进　heading through；working through；catting through

贯通

井巷掘进中，从一条巷道的两端同时施工完成对接的作业。

4. 22

交岔点　junction；intersection

交叉点

两条或多条巷道的交叉或分岔处。

4. 23

净断面[积]　net section；clear section

井巷有效使用的横断面积。

4. 24

掘进断面[积]　excavated section

井巷掘进时实际开挖的、符合设计要求的横断面积。

4. 25

掘进工作面　tunnelling working site

掘进迎头

进行巷道掘凿和支护作业的工作场所。

5　凿井设施

5. 1

凿井井架　sinking head frame；sinking headgear

凿井时用于承担提升和悬吊荷载、布置卸矸等设施与设备的井口大型立体结构物。

5.2

天轮平台　sheave wheel platform

位于井架上端专为安设各种提升、悬吊天轮用的框架结构平台。

5.3

翻[卸]矸台　strike board；strike tree

开凿立井时专为吊桶卸矸，在井口上方的井架上设置的结构平台。

5.4

封口盘　shaft cover

井盖

为进行凿井工作和保证井内作业安全，在立井井口设置的带有井盖门和可开启孔口的盘状结构物。

5.5

固定盘　shaft collar platform

为保证凿井作业安全和进行井筒测量等作业，在封口盘下方一定距离设置的、固定于锁口的盘状结构物。

5.6

凿井吊盘　sinking stage；sinking platform；scaffold；hanging scaffold

工作盘

服务于立井井筒掘进、永久支护、安装等作业，悬吊于井筒中可以升降的双层或多层结构物。

5.7

稳绳　guide rope

立井施工时，悬吊在井筒中、专门用作吊桶升降导向的钢丝绳。

5.8

滑架　crosshead；sinking crosshead

立井凿井时，为防止吊桶升降时横向摆动而设置在提升钩头上方、沿稳绳滑行并带金属保护伞的框架。

5.9

伞型凿岩钻架 jumbos；vertical shaft drill

伞钻

专门用于立井掘进钻凿炮眼孔的机械,安装有数台凿岩机。

5.10

安全梯 safety ladder；emergency ladder

立井凿井时,悬吊于井筒工作面上方供紧急情况下人员安全升井的梯子。

5.11

整体移动模板 removable monolithil from work

大模板

专门用于立井砌筑混凝土井壁的伸缩后可整体上、下移动的金属结构物。

5.12

滑[升]模[板] entirety travelling shuttering

专门用于立井砌筑混凝土井壁的可滑升的金属结构物。

5.13

井口棚 pit-head shed

与凿井井架联合构成的井口临时建筑物。

5.14

吊桶 bucket

凿井期间用于装运矸石、人员运输和排水的桶状提吊容器。

6 井筒装备和通道

6.1

井筒装备 shaft equipment

在立井井筒中安装的罐道梁、罐道、井梁、梯子间和各种管、线、绳等固定设施总称。

6.2

罐道梁 bunton

罐梁

为固定刚性罐道,沿立井井筒纵向每隔一定距离安设的横梁。

6.3

基准梁　datum beam；datum bunton

立井井筒第一层或每隔一定距离经过专门测量校正的，作为安装其下各层罐道梁基准的横梁。

6.4

井梁　shaft beam

立井井筒内不安装罐道的横梁。

6.5

梁窝　bunton hole；beam nest

为安装各种梁，在井、巷壁中开凿或预留的洞穴。

6.6

吊架　hanger

在立井井筒已安好罐道梁时，专门用作罐道安装和人员升降的框架结构物。

6.7

梯子间　ladderway；ladder compartment；travelling compartment

设有扶梯，用作人员安全通路的隔间。

6.8

管子间　pipe compartment

井筒中专门敷设管、缆的隔间。

6.9

延深间　sinking compartment

立井井筒中专为后期井筒延深预留的隔间。

6.10

人行道　pedestrain way；sideway；travelling road；travelling way；manway；foot path；walkway

矿井中专供行人的巷道或在斜井和巷道一侧专供行人的通道。

6.11

检修道　service way；maintaining roadway

在装有带式输送机的斜井井筒或巷道中，为检修设备铺有钢轨的那部分通道。

6. 12

躲避硐 refuge hole；manhole；refuge pocket

在斜井或巷道一侧专为人员躲避行车或爆破作业危害而开凿的硐室。

6. 13

安全道 reserve way；escape way

由井筒上、下口与梯子间相联的人行通道。

6. 14

冷暖风道 preheated-air entry；preheatedair inlet

在寒冷(高地温地层)地区,专为向井下输送暖(冷)风的、由井口空气加热(降温)室到井颈部的一段通道。

6. 15

管子道 pipe way

专门用于安装排水管路的通道。通常指从主排水泵硐室至副井井筒敷设排水管的一段通道。

6. 16

[斜井]吊桥 lifting bridged for incline shaft

为斜井井筒与中间平巷连通而设置的、能灵活升降,实现多水平提升的桥式过车设施。

7 装岩调车

7.1

装岩 mucking；muck loading

将矸石装入提升容器或运输设备的作业。

7.2

临时短道 temporary short rail

当巷道掘进进尺不足以铺设一节标准钢轨时,为接长轨道临时采用的一组短轨。

7.3

爬道 climbing tram-rail

为便于后卸式铲斗装载机紧跟巷道掘进工作面装岩,扣在轨道上可以向前移动的一副槽型轨道。

7.4

浮放道岔　move switch；superimposed crossing；portable switch

供巷道掘进时调车用的、安放在原有轨道上、可以移动的调车装置。

7.5

调车器　car-transfer；car-changer

用于横向调车的、可移动的设施。

7.6

调车盘　transfer plate；turn plate

双轨巷道掘进工作面，紧跟装载机或转载机之后而设置的盘状调车设施。

8　井巷支护

8.1

支护　supporting；lining

维护井巷围岩稳定所进行作业的总称。

8.2

井巷支护　shaft and drift supporting

泛指对掘进井筒、巷道和硐室进行的支护。

8.3

临时支护　temporary supporting；flase supporting

在永久支护前，为暂时维护围岩稳定和保障作业安全而进行的支护。

8.4

永久支护　permanent supporting

为维护井巷围岩在服务年限内稳定而进行的支护。

8.5

超前支护　forepoling；advance timbering

在松软或破碎带，为了防止掘进后岩石冒落，超前于掘进工作面进行支护。

8.6

联合支护　combined supporting

采用两种或两种以上支护形式共同维护围岩稳定的支护。

8.7

锚杆　bolt；rock bolt；stay bolt；stone bole；anchor bolt

锚固岩体、维护围岩稳定的杆状结构物。

8.8

锚索　cable

安装在钻孔内，锚固岩体、维护围岩稳定的索状结构物。

8.9

锚杆支护　bolt supporting

采用锚杆加固井巷围岩的支护。

8.10

锚索支护　cable supporting；anchor cable

采用锚索加固井巷围岩的支护。

8.11

喷浆支护　gunite；gunite lining

利用压缩空气将水泥砂浆喷射到岩体表面的加固井巷围岩支护。

8.12

喷[射]混凝土支护　shotcreting

利用压缩空气将混凝土喷射到岩体表面的加固井巷围岩支护。

8.13

锚喷支护　bolting and shotcreting
喷锚支护

联合使用锚杆和喷射混凝土（喷浆）的加固井巷围岩支护。

8.14

挂网支护　wire mesh support

在井巷易脱漏岩石表面铺设网状结构物的支护。

8.15

锚网支护　roof bolting with wire mesh；bolting with wire mesh
锚杆加挂网的支护。

8.16

锚注支护　bolt grouting support

联合使用锚杆并对围岩注浆的联合支护。

8.17

锚喷网支护　shotcreting and bolting with wire mesh

联合使用锚喷、挂网和喷混凝土(喷浆)的支护。

8.18

锚杆拉力计　hydraulic pull tester

检测锚杆锚固力的仪器。

8.19

混凝土喷射机　concrete-spraying machine; shotcrete machine; concrete sprayer

以压缩空气为动力，将混凝土拌合料喷向岩体表面的机械。

8.20

巷道支架　support frame

用于支撑巷道围岩，成型或拼装的结构物总称。

8.21

刚性支架　rigid support

不具有可缩性的材料及结构，在地压作用下变形或位移很小的巷道支架。

8.22

可缩性支架　compressible support; yieldable support; yieldable set; yield timbering; yielding sup-port; pliable support

柔性支架

具有可缩性材料或(和)结构，在地压作用下能够适当收缩而不失去支撑能力的巷道支架。

8.23

顶梁　roof timber; roof bar; roof beam

在巷道支架组成中，位于顶部的主要承载构件。

8.24

井巷立柱　leg; post; piece leg

在巷道支架组成中，立于底板、底梁或底座上用于支撑顶梁的构件或部件。

8.25

撑杆　cross strut; cross brace; brace

增加杆件式支架之间的纵向稳定性和整体性的连接杆件。

8.26

背板　lagging；set lagging；shuttering

安设在支架（井圈）外围，使地压均匀传给支架并防止碎石掉落的构件。

8.27

拱碹　arch

碹

用砖、石、混凝土或钢筋混凝土等建筑材料构筑的整体或弧形支撑的总称。

8.28

三心拱　three-centered arch

斜井或巷道横断面顶部由三段圆弧构成的拱碹。

8.29

半圆拱　semi-circular arch

斜井或巷道横断面顶部呈半圆形的拱碹。

8.30

马蹄拱　horse-shoe arch

斜井或巷道横断面整体呈马蹄形的拱碹。

8.31

圆拱　circular arch

圆碹

斜井或巷道横断面整体呈圆形的拱碹。

8.32

底拱　floor arch；inverted arch；invert

在巷道底板设置的、连接两侧墙（岩）体、拱矢向下的拱碹。

8.33

碹岔　junction arch；intersection arch

巷道交岔处的拱碹。

8.34

穿尖碹岔　pierce through point；junction arch

交叉点迎面成尖状的碹岔。

8.35

牛鼻子碹贫   ox-nose-like junction arch

交叉点迎面成牛鼻子状的碹岔。

8.36

砌碹   arch-lining；arch-setting

构筑砖、料石或混凝土块体等碹体的作业。

8.37

碹胎   arch pattern

砌碹时用以支撑模板的骨架。

8.38

模板   form；mould

砌碹施工时，用以使碹体成型的衬板。

8.39

临时锁口   temporary collar

井筒掘进时为固定井位、吊挂临时支架和安设封口盘等用的临时构筑物。

8.40

井圈   crib ring；shaft ring

立井掘进时，用以支撑背板，维护围岩稳定的组装式环形金属骨架。

8.41

壁座   shaft wall foot；walling foot

为支撑向上砌筑段井壁和悬挂向下掘进段的临时支架，在井筒围岩中开凿并构筑的混凝土或钢筋混凝土基座。

8.42

复合井壁   composite shaft lining

分层施工构筑的，或用两种以上建筑材料构筑的井壁。包括双层井壁、夹层井壁等。

8.43

丘宾筒   tabbing；shaft tubing

用钢、铁或钢筋混凝土预制成的，带有凸缘和加强肋的弧形板块组装的筒形支护结构。

8.44

新奥法　New Austrian Tunneling Method；NATM

采用光面爆破，锚喷作一次支护，实时观测围岩变形，合理进行二次支护，强调封底的巷道施工方法。

9　井筒延深

9.1

井筒延深　shaft deepening

将原生产井筒加深到新生产水平的工程。

9.2

井筒向下延深　downward shaft deepening

由生产水平向下延深原生产井筒的作业。

9.3

井筒向上延深　upward shaft deepening

将暗井由新生产水平向上延深的作业。

9.4

反向凿井法　upword excavation

反井法

由下向上掘进井筒或延深井筒的作业方法。

9.5

保护岩柱　protective rock plug

在井筒延深段顶部，为保护井筒延深作业安全暂预留的一段岩柱。

9.6

护顶盘　protection stage

井筒延深时，为防止上部岩柱的松动、冒落，紧贴其下设置的承重结构物。

9.7

人工保护盘　protective bulkhead；man-made safety staging

为保证井筒延深作业的安全，在原生产井筒的井窝内构筑的、阻挡坠落物的临时结构物。

9.8

溜矸孔　dumping chute；pilot shaft

导井

具有下部生产系统的竖井、斜井先开挖的小段面导井，用于扩大时向下溜矸、排水和通风等。

9.9

刷大　reamer；enlarging

扩井

通过溜矸孔将井筒、斜井扩大到设计断面的作业。

9.10

反井钻机　raise boring machine

用于反向凿井的钻机。

9.11

爬罐　creeping cage；raise climber

反向凿井时，用于掘进作业人员上下、作业制成保护的、可沿安装于立井井筒或斜井上部的导轨上下爬行的、装有驱动装置和安全伞的笼形装备。

9.12

吊罐　hanging cage

吊笼

反向凿井时，在上水平用绞车通过钻孔悬吊于延深井筒中用于掘进作业的罐（笼）形结构物。

9.13

反井钻井法　raise boring upword excavation method

采用反井钻机的反向凿井法。

9.14

爬罐反井法　raise climber upword excavation method

采用爬罐作为辅助手段的反向凿井法。

9.15

吊罐反井法　hanging cage upword excavation method

采用吊罐作为辅助手段的反向凿井法。

9.16

普通反井法 conventional upword excavation method

采用搭井字木垛支撑人工反向凿井法。

附加说明：

GB/T 15663《煤矿科技术语》分为如下几部分：

——第1部分：煤炭地质与勘查；

——第2部分：井巷工程；

——第3部分：地下开采；

——第4部分：露天开采；

——第5部分：提升运输；

——第6部分：矿山测量；

——第7部分：开采沉陷与特殊采煤；

——第8部分：煤矿安全；

——第10部分：采掘机械；

——第11部分：煤矿电气。

本部分为 GB/T 15663 的第2部分。

本部分代替 GB/T 15663.2—1995《煤矿科技术语 井巷工程》。

本部分与 GB/T 15663.2—1995 相比，主要变化如下：

——增加了2.14矸石井、3.2地层冻结、3.6冻结孔、3.10单圈冻结管冻
    结、3.11多圈冻结管结、3.20地面预注浆、3.24黏土浆、3.25黏土水泥
    浆、3.26注浆深度、3.27注浆段高、3.28布孔圈径等条款共43条款更
    符合实际。

——同时修改了2.2井巷、2.3立井、2.4斜井等共62条款，使表述更确切。

——对2.24掘进、3.28井壁筒、3.31洗井、3.32固井等11条款进行了删
    除。

本部分由中国煤炭工业协会提出。

本部分由全国煤炭标准化技术委员会归口。

本部分起草单位：煤炭科学研究总院建井研究分院、煤炭工业济南设计研究
院有限公司、中煤国际工程集团南京设计研究院、北京中煤矿山工程有限公司。

本部分主要起草人：刘志强、周兴旺、龙志阳、李功洲、刘敏、臧桂茂、林鸿苞。

本部分所代替标准的历次版本发布情况为：

——GB/T 15663.2—1995。

中华人民共和国国家标准

GB/T 15663.3—2008
代替 GB/T 1566.3—1995

煤矿科技术语 第3部分：地下开采

Terms relating to coal mining-Part 3：Underground mining

1 范围

GB/T 15663 的本部分规定了井田开拓、采煤方法、采区支护、矿井地面设施等术语。

本部分适用于与地下开采有关的所有文件、标准、规程、规范、书刊、教材和手册等。

2 井田开拓

2.1

井田 mine field；mining field

煤田内划归一个矿井开采的部分。

2.2

矿区 mining area

统一规划和开发的煤田或其一部分。

2.3

地下开采 underground mining

井工开采

通过开掘井巷采出煤炭或其他矿产的工作。

2.4

矿井井型 mine capacity

按矿井设计年生产能力大小划分的矿井类型，一般分大型、中型、小型矿井三种。

2.5

矿井设计生产能力   designed mine annual output；designed mine capacity；designed mine annual production

设计中规定的矿井在单位时间（年或日）内采出的煤炭或其他矿产的数量。

2.6

矿井核定生产能力   rated mine capacity；checked mine capacity

对生产矿井的各个生产环节重新进行核定而确定的年生产能力。

2.7

矿井服务年限   mine life

按矿井可采储量、设计生产能力，并考虑储量备用系数计算出的矿井开采年限。

2.8

储量备用系数   reserve factor of reserves

为保证矿井有可靠服务年限而在计算时对储量采取的富裕系数。

2.9

开采水平   mining level；gallery level

水平（简称）

运输大巷或井底车场所在位置的标高水平及所服务的开采范围。

2.10

开采水平垂高   level interval

水平高度

开采水平上、下边界之间的垂直距离。

2.11

辅助水平   subsidiary level

在开采水平内，因生产需要而增设有运输大巷的标高水平及所服务的开采范围。

2.12

阶段   horizon

沿一定标高划分的一部分井田。

2.13

阶段垂高　horizon interval

阶段高度

阶段上、下边界之间的垂直距离。

2.14

阶段斜长　inclined length of horizon

阶段上部边界至下部边界沿煤层倾斜方向的长度。

2.15

井田开拓　mine field development

开拓(简称)

由地表进入煤层为开采水平服务所进行的井巷布置和开掘工程。

2.16

立井开拓　vertical shaft development

主、副井均为立井的开拓方式。

2.17

斜井开拓　inclined shaft development

主、副井均为斜井的开拓方式。

2.18

平硐开拓　drift development; adit development

用主平硐的开拓方式。

2.19

综合开拓　combined development

采用立井、斜井、平硐等任何两种或两种以上的井田开拓方式。

2.20

分区域开拓　area development; block development

大型井田划分为若干具有独立通风系统的开采区域,并共用主井的开拓方式。

2.21

矿井延深　shaft deepening

为接替生产而进行的下一开采水平的井巷布置和开掘工程。

2.22

暗井　staple shaft; blind shaft

不直接通达地面的井筒。

2.23

暗立井　staple vertical shaft; blind vertical shaft

不直接通达地面的立井。

2.24

暗斜井　internal inclined shaft; blind inclined shaft

不直接通达地面的斜井。

2.25

溜井　draw shaft

用于自重运输的井筒。

2.26

井底车场　shaft bottom; pit bottom; shaft station

连接井筒和大巷或石门的一组巷道和硐室的总称。

2.27

环形式井底车场　loop pit bottom; loop shaft bottom; loop shaft station

矿车作环形运行的井底车场。

2.28

折返式井底车场　zigzag shaft station

矿车作折返运行的井底车场。

2.29

硐室　room; chamber

为某种专门用途而开凿的断面较大和长度较小的井下构筑物。

2.30

箕斗装载硐室　skip loading pocket

位于主井筒侧边,安装有箕斗装载设备,能将井底煤仓的煤定量自动装入箕斗的硐室。

2.31

翻车机硐室　tipper room; dumper room; tipple dump room

位于井底(或采区)车场内安装有翻车机的硐室。

2.32

卸载站硐室 unloading station room

用于底卸式矿车卸载的硐室。

2.33

井底煤仓 shaft coal pocket; shaft loading pocket

位于井底车场内大容量的贮煤硐室。

2.34

主排水泵硐室 main pumping room

中央水泵房

装有为全矿井服务的主要排水设备的井下硐室。

2.35

水仓 sump;drain sump

用于贮存和沉淀井下涌水的一组巷道。

2.36

井下充电硐室 underground charging station; underground charging room

用于电机车蓄电池充电的井下硐室。

2.37

井下机车修理间 underground locomotive repair room

用于检修电机车的井下硐室。

2.38

井下调度室 underground control room; underground dispatchingroom

井底车场内、供值班调度人员工作的硐室。

2.39

井下等候室 underground waiting room

为人员等罐、候车的硐室。

2.40

石门 cross-cut

与煤层走向垂直(正交)或斜交的岩石水平巷道。

2.41

大巷 main roadway；pick heading；mother entry

为整个开采水平或阶段服务的水平巷道。

2.42

运输大巷 main haulage roadway

为整个开采水平或阶段运输服务的水平巷道。

2.43

集中大巷 centralized main roadway

为多个煤层服务的大巷。

2.44

单煤层大巷 main roadway for single seam

为一个煤层服务的大巷。

2.45

岩层大巷 main entry in rock

在煤层底板或顶板的岩层内开凿的大巷。

2.46

总回风巷 main return airway

为全矿井或矿井一翼服务的回风巷道。

2.47

分区回风巷 district return airway

为几个采区服务的回风巷道。

2.48

采区回风巷 section return airway

为采区服务的回风巷道。

2.49

采区 district

阶段或开采水平内沿走向划分为具有独立生产系统的开采块段。近水平煤层采区称盘区，倾斜长壁分带开采的采区称带区。

2.50

分段 sublevel

小阶段；亚阶段；分阶段（拒用）

在阶段内沿倾斜方向划分的开采块段。

2.51

采区准备　preparation in district

采（盘、带）区主要巷道的掘进和设备安装工作的总称。

2.52

上山　raise; rise

位于开采水平以上，为本水平或采区服务的倾斜巷道。

2.53

下山　dip; dip entry; dip head; dip heading

位于开采水平以下，为本水平或采区服务的倾斜巷道。

2.54

集中上山　centralized raise; centralized rise

为几个煤层服务的采区上山。

2.55

集中下山　centralized dip

为几个煤层服务的采区下山。

2.56

主要上山　main raise; main rise

为开采水平或辅助水平服务的上山。

2.57

主要下山　main dip

为开采水平或辅助水平服务的下山。

2.58

前进式开采　advancing mining

自井筒或主平硐附近向井田边界方向依次开采各采区的开采顺序；采煤工作面背向采区运煤上山（运煤大巷）方向推进的开采顺序。

2.59

后退式开采　retreating mining

自井田边界向井筒或主平硐方向依次开采各采区的开采顺序；采煤工作面

向运煤上山(运煤大巷)方向推进的开采顺序。

2.60

上行式开采　ascending mining

分段、区段、分层或煤层由下向上的开采顺序。

2.61

下行式开采　descending mining

分段、区段、分层或煤层由上向下的开采顺序。

2.62

开拓巷道　development roadway

为井田开拓而开掘的基本巷道,如井筒、井底车场、运输大巷、总回风巷、主石门等。

2.63

准备巷道　preparatory roadway

为准备采区而掘进的主要巷道,如采区上、下山,采区车场等。

2.64

回采巷道　actual mining roadway; gateway; gateroad

采煤巷道

形成采煤工作面及为其服务的巷道,如开切眼、工作面运输巷、工作面回风巷等。

3　采煤方法

3.1

采煤　coal mining; coal extraction; coal winning

回采

广义:煤炭生产的全部过程和工作;狭义:从采煤工作面采出煤炭的工序。

3.2

采煤方法　coal mining method; coal winning method

采煤工艺与回采巷道布置及其在时间、空间上的相互配合。

3.3

采煤工作面　coal face; working face

回采工作面;工作面;采场

进行采煤作业的场所。

3.4

煤壁　wall; rib

直接进行采掘的煤层暴露面。

3.5

采高　mining height

采厚(拒用)

采煤工作面煤层被直接采出的厚度。

3.6

长壁工作面　longwall face

长度一般在 50 m 以上的采煤工作面。

3.7

短壁工作面　shortwall face

长度一般在 50 m 以下的采煤工作面。

3.8

双工作面　double-unit face

同一煤层(分层)内同时生产并共用工作面运输巷的两个相邻长壁工作面。
两工作面相向运煤的双工作面又称"对拉工作面"。

3.9

长壁采煤法　longwall mining; longwall method; longwall face method

采用长壁工作面的采煤方法。

3.10

短壁采煤法　shortwall mining

采用短壁工作面的采煤方法。

3.11

走向长壁采煤法　longwall mining on the strike

长壁工作面沿走向推进的采煤方法。

3.12

倾斜长壁采煤法　longwall mining to the dip; longwall mining to the rise

长壁工作面沿倾斜推进的采煤方法。

3.13

伪斜长壁采煤法   oblique longwall mining

在急斜煤层中布置俯伪斜长壁工作面，用密集支柱隔开已采空间，并沿走向推进的采煤方法。

3.14

倾斜分层采煤法   inclined slicing; slicing method to the dip

厚煤层沿倾斜面划分分层的采煤方法。

3.15

放顶煤采煤法   top coal caving; top-coal caving

先采出煤层底部工作面的煤，随即放采上部顶煤的采煤方法。

3.16

倒台阶采煤法   overhand mining; overhand stopping

在急斜煤层中，布置下部超前的台阶形工作面，并沿走向推进的采煤方法。

3.17

正台阶采煤法   underhand stopping; heading-and-bench mining
斜台阶采煤法

在急斜煤层中，沿伪斜方向布置成上部超前的台阶形工作面，并沿走向推进的采煤方法。

3.18

伪斜柔性掩护支架采煤法   flexible shield mining in the false dip

在急斜煤层中，沿伪倾斜布置采煤工作面，用柔性掩护支架将采空区和工作空间隔开，沿走向推进的采煤方法。

3.19

水平分层采煤法   horizontal slicing method; horizontal slice mining; horizontal slicing

急斜厚煤层沿水平面划分分层的采煤方法。

3.20

斜切分层采煤法   oblique slicing method

急斜厚煤层中，沿与水平面成一定角度的斜面划分分层的采煤方法。

3.21

房柱式采煤法　room-and-pillar mining; board-and-wall method; room-and-pillar method

沿巷道每隔一定距离先采煤房直至边界,再后退采出煤房之间部分煤柱的采煤方法。

3.22

房式采煤法　chamber mining; room mining

沿巷道每隔一定距离开采煤房,在煤房之间保留煤柱以支撑顶板的采煤方法。

3.23

分层放顶煤　slicing top coal caving

特厚煤层划分为若干分层,并在一层或多层中进行放顶煤开采的采煤方法。

3.24

仰采　upward mining

推进方向为上坡的工作面布置方法。

3.25

俯采　downward mining

推进方向为下坡的工作面布置方法。

3.26

采区上山　district rise; district raise

为一个采区服务的上山。

3.27

采区下山　district dip

为一个采区服务的下山。

3.28

采区车场　district station

采区上(下)山与区段平巷或大巷连接的一组巷道和硐室的总称。

3.29

区段　district sublevel

在采区内沿倾斜方向划分的开采块段。

3.30

区段平巷　**district sublevel roadway**

在区段上、下边界掘进的平巷。

3.31

分层巷道　**layered heading；sliced gateway**

厚煤层分层开采时，为一个分层服务的区段（分带）巷道。

3.32

超前巷道　**advance gate；advance heading**

超前于采煤工作面一定距离掘进的巷道。

3.33

区段集中平巷　**sublevel centralized entry**

为一个区段的几个煤层或几个分层服务的平巷。

3.34

分段平巷　**sublevel roadway；sublevel entry**

在分段上、下边界掘进的平巷。

3.35

分带　**strip**

在带区内沿走向方向划分的开采块段。

3.36

分带斜巷　**strip roadway**

在分带两侧边界掘进的倾斜巷道。

3.37

分带集中斜巷　**strip gathering roadway**

为一个分带的几个煤层或几个分层服务的倾斜巷道。

3.38

工作面运输巷　**head gate；haulage gateway**

运输顺槽；下顺槽（拒用）

主要用于运煤的区段平巷或分带斜巷。

3.39

工作面回风巷　**tailgate；return airway**

回风顺槽；上顺槽（拒用）

主要用于回风的区段平巷或分带斜巷。

3.40

煤门　cross gate；inseam cross-cut

厚煤层内垂直或斜交走向掘进的水平巷道。

3.41

联络巷　crossheading；linkage；breakthrough

横贯（拒用）

联络两条巷道的短巷。

3.42

开切眼　open-off cut；starting cut

切割眼（拒用）

沿采煤工作面始采线掘进、供安装采煤设备的巷道。

3.43

采煤工艺　coal mining technology；coal mining technique

回采工艺

采煤工作面各工序所用方法、设备及其在时间、空间上的相互配合。

3.44

爆破落煤　coal blasting；shot coal；blast down

用爆破方法将煤从工作面煤壁崩落下来的破煤方法。

3.45

爆破装煤　blasting loading

用爆破的方法将煤炭抛入输送机内的装煤方法。

3.46

爆破采煤工艺　blast mining technology；blast mining technique

炮采（简称）

用爆破方法破煤的采煤工艺。

3.47

普通机械化采煤工艺　conventionally machanized coal mining technology

普采（简称）

用机械方法破煤和装煤,输送机运煤和单体支柱支护的采煤工艺。

3.48

综合机械化采煤工艺　fully-mechanized coal mining technology

综采(简称)

用机械方法破煤和装煤,输送机运煤和液压支架支护的采煤工艺。

3.49

综采放顶煤工艺　fully-mechanized top coal caving technology

综放(简称)

采用综采设备进行放顶煤开采的工艺。

3.50

炮采放顶煤工艺　blast mining top coal caving technology

采用爆破落煤进行放顶煤开采的工艺。

3.51

螺旋钻采煤工艺　digging auger coal mining technology

用螺旋钻机破煤、装煤和运煤的采煤工艺。

3.52

一次采全高　full-seam mining

整层开采

在一次采煤工艺循环中采出全部煤层厚度的开采方式。

3.53

分层开采　slicing

将厚煤层划分为若干分层,再依次开采各分层的开采方式。

3.54

破煤　coal breakage; coal cutting

落煤

用人工、机械、爆破、水力等方式将煤从煤壁分离下来的作业。

3.55

割煤　shearing

用滚筒采煤机破煤的工序。

3.56

单向采煤　unidirectional cutting

采煤机在采煤工作面往返一次完成全工作面一次割煤深度的采煤方式。

3.57

双向采煤　bidirectional cutting

采煤机在采煤工作面往返一次完成全工作面两次割煤深度的采煤方式。

3.58

刨煤　coal ploughing; coal plowing

用刨煤机破煤的工序。

3.59

机道　shearer track; cutter track

采煤机沿工作面煤壁运行的空间。

3.60

切口　stable; niche

壁龛;缺口; 机窝(拒用)

长壁工作面内,为安放输送机机头、机尾的传动部或因采煤机械无法采到而在煤壁内超前开出的空间,一般在工作面两端。

3.61

采空区　goaf; gob; waste

老塘; 老空(拒用)

采煤后所废弃的空间。

3.62

放顶线　caving line

采用垮落法控制顶板时,采煤工作面有支护的空间与采空区的分界线,通常沿该线架设有加强支撑作用的支架(柱)。

3.63

放顶　caving the roof

使采空区悬露顶板及时垮落的工序。

3.64

放顶距　caving interval

放顶步距（拒用）

相邻两次放顶的间隔距离。

3.65

放煤步距   top coal caving interval; drawing interval

用放顶煤采煤法时，沿工作面推进方向前后两次放煤的间距。

3.66

敲帮问顶   sounding; tapping; knocking; chap knock

通过敲击围岩以了解其破碎或离层程度的简易检查方法。

3.67

挑顶   roof ripping; ripping

必要时在巷道中挑落部分顶板岩石的作业。

3.68

挖底   floor dinting; dinting

卧底；起底（拒用）

必要时在巷道中挖去部分底板岩石的作业。

3.69

煤柱   coal pillar

煤矿开采中为某一目的而保留不采或暂时不采的煤体。

3.70

护巷煤柱   chain pillar

为维护巷道而在巷道一侧或两侧留设的煤柱。

3.71

跨采   over-the-roadway extraction

采煤工作面跨在或跨越上山、石门、大巷等巷道回采的采煤方式。

3.72

始采线   beginning line; mining starting line

采煤工作面开始采煤的边界。

3.73

终采线   terminal line

停采线；止采线（拒用）

采煤工作面终止采煤的边界。

3.74

循环　**working cycle; cycle**

采掘工作面周而复始地完成一整套工序的全过程。

3.75

循环进度　**advance of working cycle; cyclic advance**

采掘工作面完成一个循环后向前推进的距离。

3.76

循环率　**cycle ratio; cycle completion ratio**

每月实际完成循环个数占计划循环个数的百分数。

3.77

平行作业　**concurrent operation; operation in parallel**

在同一工作面同时进行几个工序的作业。

3.78

采出率　**recovery rate; recovery ratio**

回采率；回收率(拒用)

煤炭采出量占工业储量的百分比。

3.79

掘进率　**coefficient of driving**

在井田一定范围内或在一定时间内,掘进巷道的总长度与采出总煤量之比。

3.80

采放比　**drawing ratio; ratio of cutting thickness to caving thickness**

下部工作面采高与上部放顶煤高度之比。

3.81

大采高综采　**large cutting height; high cutting**

工作面采高超过 3.5 m(含)的一次采全高综采。

3.82

大采高综放　**large cutting height & top coal caving**

工作面机采高度超过 3.5 m 的综采放顶煤。

3.83

三角煤　triangular coal

在工作面煤壁的上下两端，由采煤机滚筒割煤所形成的位于煤壁与工作面顶板或底板结合部位的近似三角形的煤体。

3.84

自动化工作面　automatic face

工作面主要设备及设备之间可以实现自动控制的采煤工作面。

3.85

水力采煤　hydraulic coal mining；hydro-mechanical coal mining

水采(简称)

利用水力或水力-机械开采和水力或机械运输提升的水力机械化采煤技术。

3.86

水力采煤工艺　hydraulic coal mining technology

水力采煤各生产环节有机组合的总称。

3.87

水力采煤矿井　hydraulic mine；hydro-mechanized mine；hydraulic coal mine

以采用水力机械化采煤技术为主的矿井。

3.88

水枪　monitor；hydraulic jet；hydraulic monitor

将压力水转化为水射流并进行冲采煤炭或剥离物的机械。

3.89

水枪出口压力　outlet pressure of monitor

水枪喷嘴出口处的水流动压力(动压强)。

3.90

射流轴心动压力　jet axis dynamical pressure

水枪射流轴线上某一点的轴向动压力(动压强)。

3.91

射流打击力　jet impact force

水枪射流对距水枪出口某一距离垂直平面上的总作用力。

3.92

开路供水 **open-circuit water supply**

水力采煤生产用水不循环复用的供水方式。

3.93

闭路供水 **closed-circuit water supply**

循环供水

水力采煤生产用水循环复用的供水方式。

3.94

走向短壁水力采煤法 **shortwall hydraulic mining on the strike**

走向小阶段采煤法(拒用)

采煤工作面大致沿煤层倾斜布置并沿走向推进的无支护短壁工作面水力采煤方法。

3.95

倾斜短壁水力采煤法 **shortwall hydraulic mining in the dip**

漏斗式采煤法(拒用)

采煤工作面大致沿煤层走向布置并沿倾斜推进的无支护短壁工作面水力采煤方法。

3.96

采垛 **mining block; coal chock**

水采工作面水枪完成一次采煤作业循环所开采的煤层块段。

3.97

采垛角 **angle of mining block; angle of coal chock**

冲采角

水力采煤工作面与回采巷道中心线的最终夹角。

3.98

水枪落煤能力 **monitor productivity**

单位时间内水枪冲采出的煤量。

3.99

移枪步距 **interval of moving monitor; unit advance of monitor**

为冲采下一个采垛或保持有效冲采,水枪移设一次的距离。

3.100

明槽水力运输　**flume hydrotransport; hydraulic flume transport**

在具有一定坡度的溜槽或沟渠内,煤浆自溜的输送方式。

3.101

管道水力运输　**pipe-line hydrotransport; hydraulic pipe transport**

在管道内煤浆承压的输送方式。

3.102

分级运提　**separate transport and hoisting**

将煤分为不同粒度,粗粒(筛上物)用普通机械,细粒(筛下物)用水力机械运提的方式。

3.103

水力提升　**hydraulic hoist**

用水力机械提升煤炭的方式。

3.104

煤浆　**slurry; coal slurry**

煤水混合物。

3.105

煤水比　**coal-water ratio**

煤浆中煤与水质量比或体积比。

3.106

煤水硐室　**coal-water mixing chamber; coal slurry preparation room**

用于制备、储集和输送煤浆的硐室群。

3.107

煤水仓　**coal-slurry sump; coal slurry sump**

用煤水泵排送煤浆时,储集和调节煤浆浓度的硐室群。

3.108

煤水泵　**coal slurry pump**

排送煤浆的泵。

3.109

喂煤机　**coal-feeding machine; coal feeder; feeder**

将煤炭送入运煤设备或输煤管道进行水力运输或提升的机械设备。

3.110

水力充填 **hydranlic stowing; hydraulic fill**

利用水力通过管道把充填材料送入废弃空间的充填方法。

3.111

风力充填 **pneumatic stowing**

利用压缩空气通过管道把充填材料送入废弃空间的充填方法。

3.112

膏体充填 **plaster stowing**

用泵或靠自流输送把膏体材料送入废弃空间的充填方法。

3.113

煤矸石充填 **waste stowing**

用机械设备将煤矸石送入废弃空间的充填方法。

3.114

充填步距 **stowing interval**

沿工作面推进方向一次充填采空区的距离。

3.115

充填能力 **stowing capacity**

充填系统单位时间内能输送的充填材料的体积。

3.116

充采比 **stowing ratio**

每采出 1 t 煤所需充填材料的立方米数。

3.117

充填倍线 **stowing gradient**

充填管路总长度与充填管路入口至出口的高差之比。

3.118

充填沉缩率 **setting ratio**

充填体经过一定时间压缩后,其沉缩的高度与原充填高度之比。

3.119

充填材料 **stowed material**

充填采空区用的材料

3. 120

砂浆　sand pulp

充填采空区用的水砂(石)混合物。

3. 121

水砂比　water-sand ratio

一定体积的砂浆中，水与充填材料体积之比。

3. 122

注砂井　storage-mixed bin; sand filling chamber

由贮存充填材料的砂仓和进行水砂混合的注砂室组成的充填设施。

3. 123

喇叭口　bell-and-spigot joint

注砂井内的混合沟与注砂管的连接口。

3. 124

砂门　sand gate

截留砂浆中的充填材料并滤出废水的隔离物。

3. 125

含泥率　mud ratio

0. 1 mm 以下的颗粒占充填材料的百分数。

3. 126

截留泥分　retained silt; clay retained in gob

充填后截留在采空区泥分的含量。

3. 127

流失泥分　leaked silt; clay leaked

充填后砂门顺水流出泥的含量。

3. 128

充填体　filling body

留在采空区内充填材料的沉积体。

3. 129

静压充填　hydrostatic pressure stowing

利用砂浆从喇叭口到充填地点的位能使砂浆流到充填地点的充填方式。

3.130

动压充填　dynamic pressure stowing

利用砂浆泵将砂浆输送到充填地点的充填方式。

3.131

砂浆泵　slurry pump

充填砂泵的加压机械。

4　采区支护

4.1

顶板　roof

赋存在煤层之上的邻近岩层。

4.2

底板　floor

赋存在煤层之下的邻近岩层。

4.3

工作面顶板控制　roof control in working face

顶板管理(拒用)

采煤工作面中工作空间支护和采空区处理的总称。

4.4

人工顶板　artificial roof

人工假顶(拒用)

分层开采时为阻挡上层垮落矸石进入工作空间而铺设的隔离层。

4.5

工作面支护　working face supporting

对工作面围岩实施控制的作业。

4.6

端头支护　face end supporting

对工作面端头顶板实施控制的作业。

4.7

采煤工作面超前支护　supporting advance working face

对工作面端头出口的超前巷道围岩加强控制的作业。

4.8

及时支护　immediate supporting

在采煤工艺循环中采煤机割煤后，先拉移支架及时支护新裸露顶板后移输送机的作业方式。

4.9

滞后支护　delayed supporting

在采煤工艺循环中采煤机割煤后，先推移输送机后移架支护新裸露顶板的作业方式。

4.10

护帮　face wall protecting

用人工或机械装置对工作面煤壁实施支护的作业。

4.11

移架步距　unit advance；advance step

一个采煤循环支架移动的距离。

4.12

擦顶移架　sliding advancing of the support

带压移架

移架过程中支架保持一定支撑力，顶梁保持与顶板接触的移架方式。

4.13

支垛　crib

在顶、底板之间垒砌成垛状的、起支承作用的构筑物。

4.14

基本支架　basic shield support

用于工作面中部的一般液压支架。

4.15

过渡支架　transition shield support

用于工作面两端由基本架至端头支架过渡段的液压支架。

4.16

端头支架 face end shield support

用于工作面两端头并进入巷道的液压支架。

4.17

超前支架 advance shield support

用于工作面两端头出口,布置在端头支架前方巷道中的液压支架。

4.18

支护系统稳定性 stability of face support system

工作面支架组成的支护系统保持稳定的能力。

4.19

铰接顶梁 hinged grider; linked roof bar

两端具有铰接结构的金属顶梁。

4.20

贴帮柱 face prop

紧靠煤壁架设的支柱。

4.21

放顶柱 break prop

用垮落法时,在工作面与采空区交界线上专门为放顶而安设的特种支柱。

4.22

丛柱 cluster prop

三根以上成簇的支柱。

4.23

单体液压支柱 hydraulic prop

利用液体压力产生工作阻力并实现升柱和卸载的单根可伸缩性支柱。

4.24

柔性掩护支架 flexible shield support

用钢绳将钢梁或木梁连接在一起,在急斜采煤工作面中用以掩护工作空间和隔离采空区的帘式柔性支护结构物。

5　矿井地面设施

5.1

矿井地面布置　mine surface arrangement; mine layout arrangement

根据煤炭生产、加工和运输的要求,按照地表地形特征,在矿井设计中,合理安排主、副井口位置、地面生产系统、辅助生产设施和生活服务设施等的总体布置。

5.2

工业场地　mine yard

工业广场

井口、地面生产系统和辅助生产设施所占用的场地。

5.3

排矸场　waste dump; waste-disposal dump

堆放矸石的场所。

附加说明:

GB/T 15663《煤矿科技术语》分为如下几部分:

——第1部分:煤炭地质与勘查;

——第2部分:井巷工程;

——第3部分:地下开采;

——第4部分:露天开采;

——第5部分:提升运输;

——第6部分:矿山测量;

——第7部分:开采沉陷与特殊采煤;

——第8部分:煤矿安全;

——第10部分:采掘机械;

——第11部分:煤矿电气。

本部分为 GB/T 15663 的第3部分。

本部分代替 GB/T 15663.3—1995《煤矿科技术语　地下开采》。

本部分与 GB/T 15663.3—1995 相比主要变化如下:

——对部分术语的定义进行了修改；

——删除了 GB/T 15663.3—1995 中的"4 水力采煤"和"5 充填开采"章节，将其部分内容调整编入"3 采煤方法"中；

——调整补充了相应的章节，新增了"4 采区支护"章节。

本部分由中国煤炭工业协会提出。

本部分由全国煤炭标准化技术委员会归口。

本部分由煤炭科学研究总院开采设计研究分院负责起草，煤炭科学研究总院检测研究分院、中煤国际工程集团南京设计院参加起草。

本部分主要起草人：王国法，张银亮，刘俊峰，傅京昱，陈元艳。

本部分所代替标准的历次版本发布情况为：

——GB/T 15663.3—1995。

中华人民共和国国家标准

GB/T 15663.4—2008

代替 GB/T 15663.4—1995

煤矿科技术语　第4部分：露天开采

Terms relating to coal mining—Part 4: Surface mining

1　范围

本部分规定了露天开采有关的采场要素、开拓开采、生产工艺系统、技术经济等基本术语。

本部分适用于与露天开采有关的所有文件、标准、规程、规范、书刊、教材和手册等。

2　基本术语

2.1

露天开采　surface mining; open-pit mining; opencast mining; open-cut mining; strip mining; open work; open pit operation; quarry mining

直接从地表揭露出矿物并将其采出的作业。

2.2

露天矿　surface mine; open-pit mine; opencast mine; opencut; strip mine; terrace mine

从事露天开采的矿山企业。

2.3

露天采场　open-pit; open-pit workings; surface workings; opencast site; open-pit field; quarry

进行露天开采的场所。

2.4

山坡露天采场　mountain surface mine; side-hill cut; side-hill quarry; mountain top surface mine

---

在地表封闭圈以上进行露天开采的场所。

2.5

凹陷露天采场　open-pit; pit; pit mine; trough quarry

在地表封闭圈以下进行露天开采的场所。

2.6

露天矿田　surface mine field; open-pit mine field; opencast mine field

划归一个露天矿开采的矿床或其中一部分。

2.7

露天采矿　opencast mineral/ore extraction; surface mining

在露天采场内采出矿物的作业。

2.8

剥离　stripping; overburden mining; waste mining; overburden removal

在露天采场内采出剥离物的作业。

2.9

剥离物　overburden; spoil; waste

露天采场内的表土、岩层和不进行回收的矿物。

2.10

剥采比　stripping ratio; waste-to-ore ratio; stripping-to-ore ratio

剥离量与有用矿物量之比值。

2.11

平均剥采比　overall stripping ratio; average stripping ratio

露天开采境界内剥离物总量与回收的有用矿物总量之比值。

2.12

生产剥采比　operational stripping ratio

在一定生产期内从露天采场采出的剥离量与有用矿物量之比值。

2.13

境界剥采比　pit limit stripping ratio

露天采场境界扩大一定深度或宽度所增加的剥离量与回收的有用矿物量之比值。

2. 14

经济剥采比　economic stripping ratio

在一定技术经济条件下,露天开采经济合理的最大剥采比。

2. 15

剥离高峰　peak of stripping

露天采场工作帮达到一定位置时剥采比达到最高值的现象。

2. 16

剥采比均衡　stripping balance

调整剥采工程量,使生产剥采比在一定时间内保持相对均衡。

2. 17

露天矿生产能力　production rate of surface mine; production of open-pit; output of open-pit

露天矿单位时间内所能采出的矿物总量。

2. 18

露天矿采剥能力　stripping capacity of open-pit; mining capacity of open-pit

露天矿单位时间内所能采出的矿岩总量。

3 采场要素

3. 1

露天开采境界　pit limit; open pit limit; open pit edge

露天采场开采范围的空间轮廓。

3. 2

地表境界线　surface boundary line; open pit top edge; open pit surface edge

露天采场最终边帮与地表的交线。

3. 3

底部境界线　floor boundary line; open-pit floor edge; open pit lower limit

露天采场最终边帮与其底面的交线。

3. 4

露天采场底面　pit bottom; open-pit floor; open;pit bottom; quarry floor

露天采场的底部表面。

3. 5

开采高度 **mining height**

山坡露天采场内开采水平最高点至露天采场底面的垂直高度。

3. 6

开采深度 **mining depth**

露天采场内开采水平最高点至露天采场底面的垂直深度。

3. 7

台阶 **bench；level；bank；benching bank；quarry bank**

按剥离、采矿或排土作业的要求,以一定高度划分的阶梯。

3. 8

平盘 **berm；bench floor；platform**

台阶的水平部分。

3. 9

平盘宽度 **bench width；width of bench；berme**

平盘上台阶坡顶线与坡底线的距离。

3. 10

露天采场边帮 **pit slope；pit edge；open-pit slope；side slope；slope wall**

露天采场内由台阶平盘和台阶坡面组成的总体。

3. 11

顶帮 **top slope；top wall；upper wall；hanging wall**

位于露天采场矿体顶板一侧的边帮。

3. 12

底帮 **foot slope；bottom wall；foot wall；flat wall；under wall；lower wall；**
lying wall；bottom slope；floor wall

位于露天采场矿体底板一侧的边帮。

3. 13

端帮 **end slope；end wall；side wall**

位于露天采场端部的边帮。

3. 14

工作帮 **working slope；working wall；working pit edge**

由正在开采的台阶组成的边帮。

3.15

非工作帮　non-working wall; non-working slope

由已结束开采的台阶部分组成的边帮。

3.16

最终边帮　final pit slope; ultimate pit slope

露天采场开采结束时的边帮。

3.17

工作帮坡面　working slope; face; working grade surface; working slanting face

通过工作帮最上台阶坡底线与最下台阶坡底线形成的假想面。

3.18

非工作帮坡面　non-working slope face; non-working grade surface; non-working slope; non-working slanting face

通过非工作帮最上台阶坡顶线与最下台阶坡底线形成的假想面。

3.19

帮坡角　slope angle; pit slope angle; angle of pit slope; angle of slope wall; open-pit slope angle

帮坡面与水平面的夹角。

3.20

工作帮帮坡角　working slope angle; slope of working grade surface

工作帮坡面与水平面的夹角。

3.21

非工作帮帮坡角　non-working slope angle

非工作帮坡面与水平面的夹角。

3.22

最终帮坡角　ultimate pit slope angle

最终帮坡面与水平面的夹角。

3.23

边帮稳定性　slope stability; wall stability; stability of slope

边帮保持稳定的程度。

3.24

滑坡　slope slide, slope failure; slope sliding, sliding

边帮局部滑动或垮落的现象。

3.25

滑体　sliding mass

滑坡产生的滑动体。

3.26

滑面　sliding surface; sliding plane

滑动体与未滑动体的分界面。

3.27

临界滑面　critical sliding surface

最可能造成帮坡失稳的滑面。

3.28

台阶坡面　bench slope; slope face; bank slope; slope front; edge slope

台阶上、下平盘之间的倾斜面。

3.29

台阶坡面角　bench angle; bench slope angle; bank slope angle

台阶坡面与水平面的夹角。

3.30

台阶稳定坡面角　bench stable slope angle; bank stable slope angle; angle of response of bank slope

台阶稳定的坡面与水平面的夹角。

3.31

坡顶线　bench edge; bench crest; slope top; edge of bank

台阶上部平盘与台阶坡面的交线。

3.32

坡底线　bench toe; bench tow brow; bench toe rim

台阶下部平盘与台阶坡面的交线。

3.33

台阶端工作面　end face of bench

与工作线呈垂直方向的台阶坡面。

3.34

台阶高度　bench height; bank height

台阶上、下平盘之间的垂直距离。

3.35

运输平盘　haulage berm

用于设置运输线路的平盘。

3.36

安全平盘　safety berm

为保持帮坡稳定和阻挡塌落物而设的平盘。

3.37

清扫平盘　cleaning berm

为清除塌落物而设的平盘。

3.38

工作平盘　working berm; working bench; working bank

进行采装、运输、辅助作业及设置其他设施的平盘。

4　开拓开采

4.1

露天矿开拓　surface mine haulage system establishment; building-up haulage system; opening-out; opening-up

建立地表至露天采场各台阶的运输通道。

4.2

出入沟　access ramp; main access; main access ramp; exit trench

地表与露天采场之间的运输通道。

4.3

外部沟　external access; out-of-mine trench; out-of-mine ramp

露天采场以外的出入沟。

4.4

内部沟　internal access; internal trench; internal ramp

露天采场以内的出入沟。

4.5

单侧沟   hillside ditch

具有一个侧帮的沟道。

4.6

双侧沟   double-sided ditch; ditch

具有两个侧帮的沟道。

4.7

陡沟   steep access; steep trench; steep ramp

适用于带式输送机和提升机运输,坡度大的沟道。

4.8

缓沟   easy access; easy trench; easy ramp

适用于铁道和公路运输,坡度小的沟道。

4.9

开段沟   drop cat; box-cut; cutting; pioneer cut; working trench

为建立台阶工作线开挖的沟道。

4.10

坑线   ramp; trench

出入沟及露天采场内台阶之间的运输线路。

4.11

固定坑线   permanent ramp; permanent trench

开采过程中相对固定的坑线。

4.12

移动坑线   temporary ramp; temporary trench

开采过程中经常改变位置的坑线。

4.13

直进坑线   straight ramp; straight mainline trench

运输设备不改变运行方向直达相临台阶的坑线。

4.14

折返坑线   zigzag ramp; dead-end trench

运输设备在运行中按"之"字形改变运行方向的坑线。

4.15

回返坑线 run-around ramp; run-around trench

运输设备在运行中按"U"字形改变运行方向的坑线。

4.16

螺旋坑线 spiral ramp; spiral trench

运输设备绕露天采场四周边帮以螺旋线方式运行的坑线。

4.17

矿区开采顺序 development sequence of mine field

在一个矿区范围内若干个露天矿和(或)矿井的建设顺序。

4.18

开采程序 mining sequence; mining procedure; procedure of mining

露天采场内剥采工程在时间和空间上的发展顺序。

4.19

分区开采 mining by areas; mining in sections

露天矿田划分若干个区段,按一定的顺序进行的开采。

4.20

分期开采 mining by stages; mining in installments

露天矿田在整个开采期内,按开采深度、开采工艺、规模、剥采比等划分为不同开采阶段进行的开采。

4.21

组合台阶 bench group; bench-and-bench

保持一个工作平盘的一组相邻台阶。

4.22

采掘带 cut; dass; mining panel; strip

台阶上按顺序采掘的条带。

4.23

采宽 cut width; width of dass; width of mining panel; strip width

采掘带的实体宽度。

4.24

工作面 working face; bench face; working bench; working level

直接进行采掘或排土作业的场所。

4.25

工作线 front; working bench; working panel; working level

具备正常作业条件的台阶长度。

4.26

挖掘机工作线长度 front length of excavator

一台挖掘机作业的长度。

4.27

工作线推进方向 direction of front advance

开采过程中工作面侧向移动方向。

4.28

平行推进 parallel advance

工作线全长按同一方向推进。

4.29

扇形推进 fan advance

工作线全长围绕一端推进。

4.30

单向推进 unidirectional advance

工作线只向一个方向推进。

4.31

双向推进 bidirectional advance

露天采场两帮工作线同时向不同方向推进。

4.32

工作线推进速度 annual advance speed of front; annual advancing speed of working bench

工作线单位时间内推进的距离。

4.33

采场延深 pit deepening

露天采场开采过程中为下降底面而进行的剥采工程。

4.34

矿山工程延深方向　deepening direction of mining project

上下台阶开段沟的错动方向。

4.35

矿山工程延深速度　deepening speed of mining project

露天采场一年的垂直降深量。

5　生产工艺系统

5.1

开采工艺环节　unit operation

露天开采中矿岩的松碎、采装、移运及排卸等主要作业环节。

5.2

开采工艺系统　mining system

组成开采工艺环节的机械设备和作业方法的总称。

5.3

间断开采工艺　discontinuous mining system; intermittent mining system

采装、移运和排卸作业均用周期式设备形成不连续物料流的开采工艺。

5.4

连续开采工艺　continuous mining system

采装、移运和排卸作业用连续式设备形成连续物料流的开采工艺。

5.5

半连续开采工艺　semi-continuous mining system

部分环节间断、部分环节连续的开采工艺。

5.6

倒堆开采工艺　casting mining system; overcastting mining system

由挖掘设备将剥离物铲挖、移运和排卸到采空区或旁侧区域的开采工艺。

5.7

水力开采工艺　hydromining system; hydraulic excavating technique

用水枪冲采松散的矿岩,并用水力将其运往选矿厂或排土场的开采工艺。

5.8

钻孔爆破 **drilling-and-blasting**

在矿岩凿孔,并将装入孔内炸药引爆使矿岩松碎的作业。

5.9

垂直钻孔 **vertical hole; bench hole**

轴线垂直于水平面的钻孔。

5.10

水平钻孔 **horizontal hole**

轴线平行于水平面的钻孔。

5.11

倾斜钻孔 **inclined hole; angular hole**

轴线与水平面呈锐角或钝角的钻孔。

5.12

超钻 **subdrill; over drill; super drill**

超过爆破深度的钻孔部分。

5.13

塌孔 **hole-cave-in**

钻孔孔壁塌落而局部扩大的现象。

5.14

采装 **loading; excavating-and-loading**

用挖掘设备铲挖矿岩并装入运输设备的工艺环节。

5.15

上挖 **digging above; up digging; high cut**

挖掘机对其站立水平以上的矿岩进行的挖掘。

5.16

下挖 **digging below; down digging; low cut**

挖掘机对其站立水平以下的矿岩进行的挖掘。

5.17

垂直切片 **terrace cut slice**

轮斗挖掘机切割产生的直立月牙形矿岩切片。

5.18

水平切片　dropping cut slice

轮斗挖掘机切割产生的平卧月牙形矿岩切片。

5.19

松散系数　swell factor; bulking factor

矿岩松散后的体积与原体积之比。

5.20

平装　level loading; bank loading; loading at same bench

挖掘设备与其配合的运输设备站在同一水平上进行的装载作业。

5.21

上装　upper level loading; loading to the upper bench; loading on bank top

挖掘设备站立水平低于与其配合的运输设备的站立水平进行的装载作业。

5.22

下装　lower level loading

挖掘设备站立水平高于与其配合的运输设备的站立水平进行的装载作业。

5.23

煤面清扫　cleaning

在煤岩界面清除残岩以提高煤质的作业。

5.24

剥离倒堆　casting; overcasting

用挖掘设备铲挖剥离物并堆放于旁侧的作业。

5.25

再倒堆　overcasting; rehandling

挖掘设备将已倒堆的剥离物再次移位的作业。

5.26

满斗系数　bucket-fill factor; dipper factor; carry-fill factor; bucket factor

铲斗所装物料松散体积与铲斗额定容积的比值。

5.27

车铲比　truck to shovel ratio; train to shovel ratio

汽车(列车)数与挖掘设备数之比。

5.28

车铲容积比 volume ratio of truck to dipper; volume ratio of train to dipper; dumper to shovel volumetric ratio

车箱容积与铲斗容积之比。

5.29

纵向运输 longitudinal removal; haulage around pit

沿工作线方向的物料运输。

5.30

横向运输 cross removal; cross haulage

垂直于工作线方向的物料运输。

5.31

运输干线 main-line

露天采场出入沟内及其通往卸矿点和排土场的主要运输线路。

5.32

采装线 loading line

露天采场内进行采装的路线。

5.33

固定线路 permanent haulage line; permanent ramp; permanent track; permanent line

长期固定不移动的运输线路。

5.34

半固定线路 semi-permanent haulage line; semi-permanent track; semi-permanent line

一定时间内固定不移动的运输线路。

5.35

移动线路 shiftable haulage line; portable track; portable line; movable track; sectional track; movable line

随着工作线的推进经常移设的运输线路。

5.36

移道步距 shift spacing; moving increment of track; increment of advance;

shift spacing of track

运输线移设一次的间距。

5.37

折返站　switchback station

"之"字形改变列车运行方向并可会让列车的车站。

5.38

限制坡度　limiting gradient; limit gradient; ruling grade

运输线路设计允许的最大纵向坡度。

5.39

限制区间　limit section; limited block

因坡度或长度大,使运输系统运输能力受其限制的铁路区间。

5.40

分流站　distribution station

进行矿岩品种分流和调节流量的带式输送设施总体。

5.41

剥离站　waste station

露天矿内调度剥离列车的主要车站。

5.42

采矿站　ore station

露天矿调度采矿列车的主要车站。

5.43

排土场　dump; refuse dump; waste dump; waste disposal dump; spoil bank; dumping site

堆放剥离物的场地。

5.44

外部排土场　external dump

建在露天采场以外的排土场。

5.45

内部排土场　internal dump

建在露天采场以内的排土场。

5.46

排土 **dumping; spoil disposal; waste disposal; overburden disposal**

向排土场排卸剥离物的作业。

5.47

排土桥 **conveyor bridge**

在轨道上行驶,上面装有带式输送机,把剥离物从剥离台阶横跨露天采场,运至内部排土场的桥式设备。

5.48

排土犁 **plough**

在轨道上行驶,用侧开板把剥离物外推并平整路基的排土机械。

5.49

排土线 **spoil disposal track; waste disposal track**

排土场内排卸剥离物的台阶。

5.50

排土场下沉系数 **subsidence factor of dump; subsidence factor of waste dump**

排土台阶沉降后的高度与初排高度的比值。

5.51

水力排土场 **debris disposal area**

构筑堤坝形成的水力排土空间。

5.52

水力排土 **debris disposal**

在水力排土场沉淀泥浆并排出澄水的作业。

5.53

复垦 **reclamation**

将开采破坏了的土地进行处理以恢复成可利用土地的工程。

附加说明:

GB/T 15663《煤矿科技术语》分为如下几部分:

——第1部分:煤炭地质与勘查;

——第 2 部分:井巷工程;

——第 3 部分:地下开采;

——第 4 部分:露天开采;

——第 5 部分:提升运输;

——第 6 部分:矿山测量;

——第 7 部分:开采沉陷与特殊采煤;

——第 8 部分:煤矿安全;

——第 10 部分:采掘机械;

——第 11 部分:煤矿电气。

本部分为 GB/T 15663 的第 4 部分。

本部分代替 GB/T 15663.4—1995《煤矿科技术语 露天开采》。

与 GB/T 15663.4—1995 相比,本部分主要作了如下修改:

——本标准删除了 GB/T 15663.4—1995《煤矿科技术语 露天开采》中的"代号"、"允许使用的同义词"、"禁止使用的同义词"。

——本标准对章节及部分术语的编号进行了调整,将其中"6 技术经济术语"的内容合并到"2 基本术语"中,其中的"6.9 工作线推进速度"、"6.10 矿山工程延深速度"调整为"4 开拓开采术语"中的"4.32 工作线推进速度、4.35 矿山工程延深速度",去掉了第 6 章。并将"5 生产系统"标题修改为"5 生产工艺系统"。

——对部分术语的定义进行了修改。

本部分中国煤炭工业协会提出。

本部分由全国煤炭标准化技术委员会归口。

本部分起草单位:中煤国际工程集团沈阳设计研究院。

本部分主要起草人:冯建宏、洪宇、马培忠、吴双忱、李汇致、王昌禄、师恩魁。

本部分所代替的历次版本发布情况为:

——GB/T 15663.4—1995。

1　范围

GB/T 15663 的本部分规定了车辆运输、输送机运输、钢丝绳运输和提升的术语。

本部分适用于与提升运输有关的所有文件、标准、规程、规范、书刊、教材和手册等。

2　车辆运输术语

2.1

矿车　mine car；pit tub

矿山运输煤炭、矸石等物料用的窄轨车辆。

2.2

串车　train；journey

列车(拒用)

用钢丝绳牵引的由两个以上矿车组成的车组。

2.3

人车　man car；car

煤矿井下运送人员的车辆。分为平巷人车、斜井人车、无轨车人车、卡轨车人车和单轨吊人车等。

2.4

平板车　flat-deck car；flat car

矿山运输器材、设备等无车帮的车辆。

2.5

材料车 supply car; timber car

坑木车（拒用）

木料车（拒用）

煤矿井下运输长材料或适合捆绑、组合件的车辆。

2.6

专用车 special car; specialty car

供矿山作某种特殊用途的车辆。分为爆炸材料车、检修车、救护车、卫生车和消防车等。

2.7

单轨吊车 overhead monorail

单轨吊

单轨运输吊车（拒用）

单轨吊车是种在巷道顶部悬挂的单轨上运行的运输设备，由驱动车或牵引车、承载车及制动车等组成。主要用于煤矿井下人员、材料、设备和矸石等的辅助运输。

2.8

卡轨车 road railer

由钢丝绳牵引或机车牵引，装有卡轨轮在专用轨道或普通轨道上运行的运输车辆，其牵引和载重车辆的转向架装有垂直和水平卡轨轮组，可防止车辆掉道。

2.9

防爆柴油机粘着驱动卡轨车 the flameproof diesel trapped-rail locomotive with adhesion drive

柴油机粘着驱动卡轨车。

以防爆低污染柴油机为动力，胶套轮或钢轮粘着驱动的卡轨车。

2.10

防爆柴油机粘着与齿轨驱动卡轨车 the flameproof diesel trapped-rail locomotive with rack and adhesion drive

柴油机粘着与齿轨驱动卡轨车。

以防爆低污染柴油机为动力，胶套轮或钢轮粘着驱动与齿轨驱动的卡轨车。

2.11

绳牵引卡轨车 rope haulage trapped rail transport system

是用普通轨或槽钢轨在车轴上增设卡轨轮以防止脱轨掉道的运输系统,其牵引方式为在牵引车前后两端联接的循环式钢丝绳(无极绳牵引)。

2.12

牵引车 towing car

卡轨车运输系统中,直接与牵引钢丝绳相连接,带动其他车辆运行的车辆。

2.13

梭行矿车 shuttle car

梭车(拒用)

梭形矿车(拒用)

梭式矿车(拒用)

具有自卸装置,始终固定连接于钢丝绳上,并可与矿车、平板车等车辆连接,往返运行于煤矿井下轨道上的车辆。

2.14

翻矸车 waste dumping car

在轨道上能翻转卸矸的车辆。

2.15

矿用机车 mine locomotive; underground locomotive

矿山运输用的窄轨机车。

2.16

矿用电机车 electrical mine locomotive; electrical mining locomotive

电机车

矿山运输用的电力机车。分为架线式电机车及蓄电池式电机车。

2.17

蓄电池式电机车 electrical battery locomotive; battery locomotive; electrical storage battery locomotive

蓄电池电机车

蓄电池机车

由蓄电池组供电的矿用电机车。

2.18

煤矿防爆特殊型蓄电池电机车   **special type explosion proof electrical battery locomotive for coal mine**

特殊型机车

电源装置为防爆特殊型,其他电气部件均属防爆产品的蓄电池电机车。

2.19

煤矿防爆蓄电池胶套轮电机车   **coal-mining special type flameproof electrical battery locomotive with rubber wrapped wheels**

车轮使用胶套轮以加大粘着系数提高爬坡能力的防爆特殊型蓄电池电机车。

2.20

架线式电机车   **electrical trolley locomotive; trolley locomotive**

架线电机车

架线机车

由架空导线供电的矿用电机车。

2.21

齿轨机车   **rack locomotive; rack track locomotive**

借助道床上的齿条与机车上的齿轮用以加大爬坡能力的矿用机车。

2.22

防爆无轨胶轮车   **flameproof rubber-tyred vehicle**

可在井下爆炸性气体环境中运行的无轨胶轮车。

2.23

防爆柴油机无轨胶轮车   **the flameproof diesel vehicle with the rubber wheels for the mine**

柴油机无轨胶轮车

以矿用防爆柴油机为动力,可在爆炸性气体环境中运行的无轨胶轮车。

2.24

防爆支架搬运车   **flameproof longwall chock carrier**

用于井下工作面支架搬运的防爆无轨胶轮车。

2.25

防爆多功能铲运车   **flameproof multi-function scooptram**

用于煤矿井下装载、叉装、提升、电缆（皮带）卷放、运输的防爆无轨胶轮车。

2.26

防爆运人车　flameproof personnel carrier

用于井下人员运输的防爆无轨胶轮车。

2.27

防爆工程车　flameproof engineering vehicle

用于井下运输物料、材料或机电备件的防爆无轨胶轮车。

2.28

转盘　turntable；turnplate

转台(拒用)

转车盘(拒用)

转车台(拒用)

改变矿用机车、矿车等车辆运行方向的回转平台。

2.29

移车机　traverser

横行小车(拒用)

移车台(拒用)

将矿车从一条轨道移到另一条平行轨道的装置。

2.30

阻车器　car stop；car retarder

挡车器

车挡(拒用)

装在轨道侧旁或轨道中间、罐笼、翻车机内使矿车停车、定位的装置。

2.31

推车机　car pusher；ram

推车器(拒用)

车场上短距离推动矿车或串车的设备。

2.32

爬车机　creeper

高度补偿器(拒用)

爬链(拒用)

链式爬车机(拒用)

在倾斜轨道上将车辆从低处推到高处的设备。

2.33

翻车机　tippler; rotary car dumper; rotary dump; dumper

翻笼(拒用)

翻罐笼(拒用)

翻车器(拒用)

将固定车厢式矿车翻转卸载的设备。

2.34

轮对　wheel-and-axle assembly; wheel assembly

由矿车的一根车轴与两个车轮构成的组件。

2.35

矿车连接器　car coupler; car coupling

挂钩(拒用)

连接矿车并传递牵引力的组件。

2.36

防爆柴油机　the flameproof diesel engine

可用于爆炸性气体环境的柴油机。

2.37

卡轨装置　trapped unit

用于防止机车和车辆掉道的卡轮系装置。

2.38

全卡　trapped-rail along the lines

机车运行时全程卡轨。

2.39

半卡　trapped-rail in part of the lines

机车运行时仅在较大的变坡段和弯道段进行卡轨。

2.40

阻火器　flame barrier

安装在隔爆外壳开口处,允许可燃性气体和空气混合物通过,且防止火焰穿过的一种装置。

2.41

冷却净化水箱　water-washing tank; water-crashing tank

废气处理箱

水洗箱

在排气系统中,用水做介质,起到消焰、降温及降低烟尘作用的装置。

2.42

槽钢轨　shaped rail

槽钢铺设的专用轨道。

2.43

防爆特殊型电源装置　special type explosion proof power supply device

由煤矿用特殊型蓄电池组、特殊结构蓄电池箱、连接线、隔爆型插销连接器等组成的装置。

2.44

胶套轮　rubber tyre

在钢制车轮踏面包覆耐磨胶套材料的矿用电机车轮。

2.45

隔爆型插销连接器　flameproof plug connector

可在爆炸性气体环境中使用,用于连接或断开电机车电源装置与其他电气设备之间电气联接的有触点电器。

2.46

矿用电机车司机控制器　the driver director for locomotive in coal mine

司机控制器

用于起动、调速、电制动和改变运行方向的转换电器装置。

2.47

受电器　pantographs

是架线电机车从架空电源导线(接触线)取得电能的装置。

2.48

最小弯道半径　the minimum radius of act action

无轨胶轮车以最大偏转角度作圆周行驶时,其轮廓最外缘至圆心的距离。

2.49

最大静制动力　the maximum static brake force

无轨胶轮车在额定载荷、静止状态下,以其制动装置对无轨胶轮车实施制动,所产生的最大制动力。

2.50

粘着驱动　adhesion drive

机车靠自身有效粘重及钢轮或胶套轮与轨面间的粘着系数产生牵引力,驱动机车运行。

2.51

齿轨驱动　rack drive

机车以驱动齿轮与两根钢轨中间的齿轨啮合,产生牵引力,驱动机车运行。

3　输送机运输术语

3.1

输送机　conveyor

运输机(拒用)

连续载运物料的运输机械。

3.2

带式输送机　belt conveyor; belt transporter

皮带运输机(拒用)

皮带机(拒用)

皮带输送机(拒用)

胶带机(拒用)

用环形输送带载运物料的输送机。

3.3

吊挂式带式输送机　suspended belt conveyor

吊挂式皮带运输机(拒用)

绳架式胶带输送机(拒用)

悬挂托辊的型钢机架或钢丝绳吊挂在支架或顶板上的带式输送机。

3.4

可伸缩带式输送机　**extensible belt conveyor；extensible conveyor**

伸缩式皮带运输机(拒用)

可伸缩式皮带运输机(拒用)

机身设有贮放带装置，能根据工作面位置变化而调整其长度的带式输送机。

3.5

钢丝绳牵引带式输送机　**wire-rope conveyor；rope belt conveyor**

钢丝绳皮带输送机(拒用)

钢绳牵引式胶带输送机(拒用)

钢丝绳张紧胶带输送机(拒用)

用钢丝绳作牵引机构的带式输送机。

3.6

刮板输送机　**scraper conveyor；face conveyor**

溜子(拒用)

电溜子(拒用)

链板运输机(拒用)

用刮板链牵引，在槽内运送散料的输送机。

3.7

可弯曲刮板输送机　**flexible flight conveyor；flexible chain conveyor**

可弯曲链板运输机(拒用)

相邻中部槽在水平、垂直面内可有限度折曲的刮板输送机。

3.8

后部刮板输送机　**rear face conveyor**

用于放顶煤工作面采空侧的刮板输送机。

3.9

刮板转载机　**stage loader**

桥式转载机(拒用)

顺槽转载机(拒用)

机身前半部架桥悬空能纵向整体移动的刮板输送机。

3.10

履带式刮板连续输送系统　crawler mobile chain conveyor continues haulage system

多组履带式刮板输送机和转载机组成的，连续运输煤炭的系统。

3.11

自行式刮板转载机　mobile stageloader

可利用履带或轮胎行走的以运输为主要功能的刮板转载机。

3.12

移动仓储式刮板转载机　shuttle storage stageloader

梭车

往返式移动，具有储煤功能的刮板转载机。

3.13

顺槽破碎机　crusher

与刮板转载机相连并利用刮板转载机受料与卸料，以机械方式破碎块煤的破碎机械。

3.14

张紧装置　tensionor；take-up device；take-up unit

拉紧装置(拒用)

张紧输送带、钢丝绳或刮板链的装置。

3.15

机头部　drive head unit；drive head

输送机械卸载机构、传动或驱动装置及其附属装置的总称。

3.16

端卸式机头部　end discharge type driving head unit

沿煤炭运行方向卸载的机头部。

3.17

侧卸式机头部　side discharge type driving head unit

沿煤炭运行方向的侧向卸载的机头部。

3.18

机尾部　drived end unit；tail end

输送机尾部使刮板链或输送带返向运行组件的总成。

3.19

输送带　conveying belt; conveyor belt

带式输送机使用的挠性带。

3.20

滚筒　pulley; drum

卷筒(拒用)

驱动输送带或改变其运行方向的圆筒形组件。

3.21

托辊　idler

承托输送带的回转体组件。

3.22

驱动装置　drive unit; driving unit

机头(拒用)

驱动部(拒用)

传动部(拒用)

输送机的电动机、软启动装置或联轴器、减速器、逆止器、制动器等的总成。

3.23

储带仓　storehouse

可伸缩带式输送机中贮存输送带的装置。

3.24

卷带装置　belt reeler elevation

收取输送带的装置。

3.25

中部槽　line pan; standard pan

溜槽(拒用)

链槽(拒用)

构成刮板输送机机身且长度为一定值的承载槽。

3.26

过渡槽　ramp pan; connecting pan

连接机头部和中部槽或机尾部和中部槽的连接槽。

3.27

变线槽　routing pan

偏转槽

在中部槽基础上，轨座向铲板侧偏移一定角度的承载槽。

3.28

调节槽　adjusting pan

刮板输送机上用于调节输送机铺设长度的承载槽。

3.29

开天窗槽　inspecting pan

侧开口槽(拒用)

用于检查和更换刮板链，部分中板可拆卸的中部槽。

3.30

连接槽　connecting pan

连接过渡槽与变线槽或中部槽的双凸(双凹)槽。

3.31

刮板链　scraper chain；flight chain

刮板和牵引链链段的组件。分为中单链、中双链、边双链和准边双链。

3.32

连接环　shackle type connector

同时连接两个链段和刮板的组件。

3.33

接链环　padlock type connector

连接两根链段的组件。

3.34

紧链器　chain tensioner

与阻链器或紧链钩配套使用，拉曳刮板链并将其连接成封闭环的机构。

3.35

销轨　rackbar

销排

刮板输送机上供采煤机行走导向的构件。

3.36

挡煤板　cowl；spillplate

装在输送机或转载机上用以防止煤炭外溢的构件。

3.37

铲煤板　ramp plate

装在中部槽煤壁侧用以铲装浮煤的构件。

3.38

防滑装置　anti-skid device；non-skid device

锚固站(拒用)

防滑锚固装置(拒用)

防止刮板输送机沿采煤工作面下滑的装置。

3.39

推移装置　pusher jack

移溜装置(拒用)

移溜千斤顶(拒用)

移溜器(拒用)

在采煤工作面横向移动可弯曲刮板输送机的装置。

4　钢丝绳运输术语

4.1

无极绳牵引运输　endless-rope haulage

无极绳运输

用循环运行的钢丝绳牵引矿车的运输方式。

4.2

单绳牵引运输　single-rope haulage；single-drum haulage；direct rope haulage；main-drum haulage

单绳运输

在倾斜巷道中,用单绳提升,靠重力下放的运输方式。

4.3

双绳牵引运输　double-rope haulage；double-dram haulage

双滚筒绞车运输（拒用）

在倾斜巷道中，用双绳分别同时提升和下放的运输方式。

4.4

主尾绳牵引运输　main-and-tail rope haulage；main-and-tail haulage

主尾绳运输

首尾绳运输（拒用）

用主绳牵引重载矿车，尾绳牵引空矿车作往复运行的运输方式。

4.5

重力运输　gravity haulage；self-acting haulage；gravity operated haulage

自溜运输（拒用）

自动运输（拒用）

靠物料或容器自重沿底板、底面或承托——导向体下滑的运输方式。

4.6

矿用绞车　mine winch；mine winder

小绞车（拒用）

矿井绞车（拒用）

用于矿山，借助于钢丝绳牵引以实现其工作目的的设备。

4.7

耙矿绞车　scraper winch；scraper winder

电耙车（拒用）

牵引耙斗，耙运煤炭或矿石的矿用绞车。

4.8

调度绞车　maneuver winch；car spotting hoist

用以调度矿用车辆及辅助运输的矿用绞车。

4.9

无极绳绞车　endless rope hoist；endless rope haulage hoist

用作无极绳牵引运输的矿用绞车，连续牵引车的动力装置，通过摩擦力传动。驱动滚筒有抛物线型和绳槽式滚筒两种型式。

4.10

回柱绞车 **drawing hoist; proppulling hoist**

用于采煤工作面回收支柱的矿用绞车。

4.11

乳化液液压绞车 **hydraulis winches used emulsion**

以乳化液为工作介质,用于煤矿井下,非提升牵引的绞车。

4.12

无极绳连续牵引车 **rail endless rope driving transport system**

由绞车、张紧装置、梭形矿车、轮组、尾轮等部件以钢丝绳牵引循环的运行于普通轨道上的辅助运输设备。

4.13

煤矿用架空乘人装置 **the rope aerial passenger transport system for the mine**

煤矿井下和露天煤矿中使用的无极绳吊挂载人装置。

4.14

抱索器 **grip**

围抱牵引钢丝绳的连接装置,分固定抱索器,可摘挂抱索器。

4.15

吊椅 **chair lift**

吊在牵引钢丝绳上的载人坐椅。

4.16

轮组 **wheel group**

对钢丝绳进行压绳、托绳、导向的装置及上述轮组件。

4.17

尾轮 **tail wheel**

牵引钢丝绳在运距终端的返向运行的导向组件。

4.18

挡绳板轮缘 **flange of baffle rope plate**

阻挡钢丝绳离开卷筒边缘的轮缘。

4.19

卡绳装置 **locked knot device**

用压绳板和绳卡固定钢丝绳于卷筒上的装置。

4.20

容绳量　opre capacity

卷筒上能缠绕的钢丝绳有效长度。

5　提升术语

5.1

矿井提升　shaft hoisting; mine hoisting

钢丝绳提升(拒用)

钢绳提升(拒用)

沿井筒或倾斜巷道利用钢丝绳牵引提升容器进行提升的统称。

5.2

立井提升　vertical shaft hoisting; vertical shaft winding

竖井提升

立井中利用钢丝绳牵引提升容器进行运输的方式。

5.3

斜井提升　inclined shaft hoisting; inclined shaft winding

倾斜巷道中利用钢丝绳牵引提升容器或带式输送机进行运输的方式。

5.4

主井提升　main shaft hoisting; main shaft winding

用作煤炭运输的矿井提升。

5.5

副井提升　auxiliary shaft hoisting;auxiliary shaft winding

辅助提升(拒用)

用作人员、矸石、材料、设备等运输的矿井提升。

5.6

混合井提升　combination shaft hoisting; combination shaft winding

混合提升(拒用)

兼有主井提升和副井提升功能的矿井提升。

5.7

缠绕式提升 **mine drum hoisting; mine drum winding**

卷筒提升(拒用)

滚筒提升(拒用)

钢丝绳一端固定并缠绕在提升机卷筒上,另一端悬挂提升容器,利用卷筒不同转向,以实现容器升降的提升方式。

5.8

摩擦式提升 **mine friction hoisting; koepe hoisting**

戈培轮提升(拒用)

提升钢丝绳搭绕在摩擦轮上,两端悬挂提升容器或一端悬挂平衡锤,利用摩擦轮不同转向和钢丝绳与摩擦轮衬垫之间的摩擦力带动提升容器升降的提升方式。

5.9

单钩提升 **single-hook hoist; single-rope winding**

单容器提升(拒用)

单绳提升(拒用)

单滚筒提升(拒用)

单提升容器或串车提升的方式。

5.10

双钩提升 **two-hook hoisting; double-drum winding**

双容器提升(拒用)

双绳提升(拒用)

双滚筒提升(拒用)

双提升容器或串车作上、下交替提升的方式。

5.11

平衡提升 **balanced hoisting**

提升过程中作用在卷筒轴上的静力矩基本不变的提升方式。

5.12

不平衡提升 **unbalanced hoisting; out-of balanced hoisting**

提升过程中作用在卷筒轴上的静力矩变化的提升方式。

5.13

多水平提升　multilevel hoisting; multilevel winding

一台矿井提升设备同时用于一个以上开采水平的提升方式。

5.14

多段提升　multistage hoisting

多级提升(拒用)

多台矿井提升机或矿井提升绞车进行多水平分段提升的方式。

5.15

深井提升　deep hoisting; deep winding

一次提升高度超过 1000 m 的提升。

5.16

应急提升　emergency hoisting; emergency winding

发生事故时升降人员用的提升。

5.17

矿井提升设备　mine hoisting equipment; mine hoisting machinery

矿山提升设备(拒用)

用于矿井提升机或矿井提升绞车及其电气控制设备、天轮、提升钢丝绳、提升容器、装卸载设备和罐道等的全部设备。

5.18

矿井提升机　mine winding; mine hoist

矿井卷扬机(拒用)

绞车(拒用)

矿井绞车(拒用)

利用钢丝绳牵引提升容器沿井筒或斜坡道进行提升的机械。

5.19

凿井绞车　scaffold winch; shaft sinking winder

稳车

开凿井筒时用以悬挂吊盘、风筒等凿井设备的矿用绞车。

5.20

卷筒　winding drum; hoisting drum

滚筒(拒用)

绳筒(拒用)

绞筒(拒用)

在矿井提升机、矿井提升绞车和矿用绞车中用以缠绕钢丝绳的部件。

5.21

固定卷筒 **keyed drum; fixed drum**

死滚筒(拒用)

固定滚筒(拒用)

双卷筒矿井提升机或矿井提升绞车中,不能与主轴作相对转动的卷筒。

5.22

活动卷筒 **clutched drum; free drum; loose drum**

活滚筒(拒用)

游动滚筒(拒用)

双卷筒矿井提升机或矿井提升绞车中,能与主轴作相对转动的卷筒。

5.23

摩擦轮 **Koepe wheel; Koepe pulley; friction pulley**

主导轮(拒用)

在矿井提升和运输机械中,利用摩擦力带动钢丝绳运动的构件。

5.24

导向轮 **deflection sheave; guide sheave; guide pulley**

导绳轮(拒用)

导轮(拒用)

为满足两个提升容器中心距离或摩擦轮上钢丝绳包角要求而设置的构件。

5.25

天轮 **head sheave; head-gear pulley**

飞轮(拒用)

设置在井架或暗井的顶部,承托提升钢丝绳的导向轮。

5.26

固定天轮 **keyed sheave**

不能作轴向游动的天轮。

5. 27

游动天轮　floating sheave

能作轴向游动的天轮。

5. 28

井架　headframe；mine shaft headframe

安装天轮及其他设备、满足其他要求的构筑物。

5. 29

井塔　hoist tower；shaft tower；winding tower

提升塔（拒用）

井楼（拒用）

将摩擦式提升机安装在井筒上方、满足提升要求的建筑物。

5. 30

提升钢丝绳　hoisting rope；winding rope；hoist rope；hoist cable；hoisting cable

悬挂提升容器，传递提升动力的钢丝绳。

5. 31

首绳　head rope

主绳

提升绳（拒用）

在平衡提升中，牵引提升容器的钢丝绳；在首尾绳牵引运输中，牵引重矿车的钢丝绳。

5. 32

尾绳　tail rope；balance rope

平衡钢丝绳（拒用）

配重钢丝绳（拒用）

挂在两个提升容器或提升容器与平衡锤的底部起平衡作用的钢丝绳；主尾绳牵引运输中，牵引空矿车返回的钢丝绳。

5. 33

缓冲绳　buffer rope

断绳后吸收下坠罐笼的动能，以保证罐笼制动过程平稳的钢丝绳。

5.34

防撞绳   rubbing rope; rubber rope

使用柔性罐道时,为防止两个提升容器相互碰撞而在提升容器之间加设的钢丝绳。

5.35

制动绳   braking rope

制动钢丝绳(拒用)

在防坠器起作用时,供其抓捕机构捕捉的钢丝绳。

5.36

悬吊绳   scaffold suspension

稳绳

开凿井筒时悬吊凿井设备的钢丝绳。

5.37

上出绳   overlay rope; overlap

出绳点位于卷筒轴线以上的提升钢丝绳。

5.38

下出绳   underlay rope; underlap

出绳点位于卷筒轴线以下的提升钢丝绳。

5.39

提升容器   hoisting conveyance; conveyance

罐笼、箕斗、平衡锤、吊桶等的总称。

5.40

罐笼   cage; hoisting cage

装载人员和矿车等的提升容器。

5.41

箕斗   skip; hoisting skip

直接装载煤炭、矿石、矸石等的提升容器。

5.42

吊桶   kibble; bucket; muck bucket; sinking bucket

井筒施工时,用以提升矸石、升降人员、下放材料的桶形提升容器。

5.43

定量斗　skip-measuring pocket; measuring weigh pocket

计量斗(拒用)

量煤器(拒用)

计量装载装置(拒用)

定量装载装置(拒用)

向箕斗定量装载的设备,其容量与箕斗提升量相等。

5.44

卸载曲轨　dump curve; dump rail;skip dump track

卸矿曲轨(拒用)

为开闭提升容器闸门在井架或卸矸架上卸载而设置的曲线形导轨。

5.45

卸矸架　dumping frame

在矸石山上安装的矸石车和矸石箕斗卸载装置。

5.46

罐道　guide; shaft guide; pit guide; cage conductor; shaft conductor

提升容器在立井井筒中运行时的导向装置。

5.47

刚性罐道　rigid guide; fixed guide

用木材、钢轨或组合型钢制成的罐道。

5.48

柔性罐道　flexible guide; flexible cage guide; rope guide; rope hoisting guide; steel-rope guide; wire-rope guide

钢丝绳罐道

将钢丝绳两端在井上和井底拉紧并固定而成的罐道。

5.49

楔形罐道　wedge guide; taper guide

提升容器过卷时,能将提升容器安全平稳停住,并不再反向下滑的楔形木罐道。

5.50

罐座　keps; cage keps; kep gear

托台(拒用)

井口承托罐笼的活动装置。

5.51

摇台　shaking platform; swing platform; cage platform

矿车进出罐笼时搭接在罐笼上的过渡平台。

5.52

承接梁　landing block

在井底水平支承罐笼的固定装置。

5.53

稳罐装置　cage rests; cage acceptor

在使用柔性罐道的矿井,当有几个水平同时作业时,为保证各中间水平的矿车进出罐笼时的稳定而设置的装置。

5.54

防坠器　safety catch; holding apparatus; parachute

断绳保险器(拒用)

提升钢丝绳或连接装置断裂时,防止提升容器坠落的保护装置。

5.55

防撞装置　buffer stop

提升容器过卷后防止冲撞井架或井塔的装置。

5.56

防跑车装置　anti-derailing device

跑车防护装置

倾斜巷道中车辆断绳、脱钩时,防止跑车的安全装置。

5.57

平衡锤　balance weight; counterweight

平衡重(拒用)

配重(拒用)

单钩提升时,起平衡作用的重锤。

5.58

调绳离合器 **clutch for adjusting rope**

调绳时使活动卷筒与主轴能产生相对转动的离合装置。

5.59

角移式制动器 **anchored-post brakes**

制动时闸块绕立轴转动的制动器。

5.60

平移式制动器 **parallel motion brakes；centresuspended curvedpost brakes**

制动时闸块平行或近似平行移动的制动器。

5.61

盘形制动器 **disk brakes**

成对装在制动盘两侧的闸块,以轴向力与制动盘产生制动力矩的制动器。

5.62

深度指示器 **depth indicator**

提升容器在井筒或斜坡道中运行位置的指示装置。

5.63

箕斗装载设备 **skip loading device**

主井井下向箕斗定量装载的设备。

5.64

箕斗卸载设备 **skip unloading device**

在主井井口用于开闭箕斗闸门、承接箕斗流出物料的设备。

5.65

操车设备 **car-operating device**

在地面、井底车场或井口、井下将矿车推到指定位置或装卸罐笼内矿车所需设备的总称。包括:推车机、阻车器、安全门、罐笼承接装置等设备。

5.66

安全门 **safety door**

安装在井口或井下防止人员和矿车掉入井筒的可活动的门。

5.67

防撞梁 **buffer beam**

安装在允许的最大过卷或过放距离处,用于防止提升容器直接撞击天轮、提升机或井底设施的横梁。

5.68

罐耳　cage shoe

提升容器上安装的运行导向构件。

5.69

托罐装置　cage holder

井口防止提升容器过卷撞击防撞梁后坠落的装置。

5.70

缓冲装置　buffer device

安装在井口或井下,对过卷或过放提升容器制动的装置。

5.71

首绳悬挂装置　head rope attachment

提升钢丝绳与提升容器之间的连接装置。

5.72

尾绳悬挂装置　tail rope attachment

尾绳与提升容器之间的连接装置。

5.73

出绳角　elevation angle

仰角

倾角(拒用)

钢丝绳绳弦与本平面之间的夹角。

5.74

钢丝绳安全系数　safety factor of wire rope;rope safety factor

钢丝绳内所有钢丝的破断拉力总和与包括钢丝绳自重在内的最大静载荷的比值。

5.75

钢丝绳弦长　rope chord length;rope lead; rope plane

提升钢丝绳在卷筒与天轮公切线上两切点之间的距离。

5.76

错绳圈　spare turn

卷筒上作多层缠绕时,留作定期错动钢丝绳接触相对位置的绳圈。

5.77

摩擦圈　holding turn; dead turn; dead lap

为减少提升钢丝绳绳头在卷筒固定处张力而保留在卷筒上绳圈。

5.78

检验圈　inspection cutting turn

为定期截取一定长度的钢丝绳作强度检验的绳圈。

5.79

间隔圈　interval turn

单卷筒矿井提升机或矿井提升绞车作双钩提升时,上出绳与下出绳之间相隔的空绳圈。

5.80

偏角　fleet angle; fleeting angle

走角(拒用)

提升钢丝绳绳弦与通过天轮绳槽中心平面之间的夹角。

5.81

内偏角　inner fleet angle; inside fleet angle

提升钢丝绳在卷筒上缠绕时,缠过天轮绳槽中心平面后的偏角。

5.82

外偏角　outer fleet angle; outside fleet angle

提升钢丝绳在卷筒上缠绕时,缠过天轮绳槽中心平面以前的偏角。

5.83

包角　wrap angle; angle of contact

围包角

提升钢丝绳与摩擦轮或输送带与滚筒之间接触弧段所对应的中心角。

5.84

井架高度　headframe height;headgear height

矿井井口水平至井架天轮轴线之间的垂直距离。

5.85

井塔高度　tower height

矿井井口水平到井塔顶部之间的垂直距离。

5.86

终端载荷　end load

加在主绳末端的载荷。

5.87

制动空行程时间　brake time lag; time lag; brake delay; brake path; braking path; dead time

安全制动时,由保护回路断电起到闸块与制动盘或制动轮接触止所经历的时间。

5.88

立井提升高度　vertical shaft hoisting height; winding depth; hoisting depth
竖井提升高度
提升距离(拒用)
卷扬高度(拒用)

立井提升容器在装、卸载位置之间运行的距离。

5.89

斜井提升长度　inclined shaft hoisting distance
提升斜长(拒用)

斜井提升容器在装、卸载或摘、挂钩位置之间运行的距离。

5.90

容器高度　full height of conveyance
容器全长(拒用)

立井提升容器最低位置至其连接装置最上面一个绳卡之间的距离。

5.91

自然加速度　natural acceleration

沿倾斜方向下行的不由提升机控制受重力等力作用而产生的加速度。

5.92

自然减速度　natural deceleration

沿倾斜方向上行的不由提升机控制受重力等力作用而产生的减速度。

5.93

防滑安全系数 antiskiding factor

防滑系数

摩擦式提升机钢丝绳与衬垫间所产生的极限摩擦力与摩擦轮两侧钢丝绳实际拉力差的比值。

5.94

滑动极限 rope slip limit;slip limit

提升钢丝绳沿摩擦轮衬垫开始产生滑动的极限加、减速度。

5.95

变位质量 equivalent effective mass;equivalent mass

当量质量

将提升系统各运动部件的质量等效地换算到卷筒或摩擦轮圆周表面的等效质量。

5.96

调绳 rope adjustment; adjusting position of rope

调水平(拒用)

对罐(拒用)

调整双钩提升中两个提升容器相对位置的操作。

5.97

安全制动 emergency braking; safety braking

紧急制动

保险制动(拒用)

矿井提升机或矿井提升绞车在运行过程中发生非常情况时实现紧急停车的制动。

5.98

二级制动 double-stage braking;two-period braking

两级制动

分两级施加制动力矩的安全制动。

5.99

过卷 overwind; overtravel

提升容器向上的运行超过其正常停车位置的事故。

5.100

过卷高度 overwind height; overwind distance

过卷距离

过卷扬距离(拒用)

为避免提升容器过卷可能造成的破坏,井架或井塔上留有的安全高度或距离。

5.101

过放 overfall

提升容器向下的运行超过其正常停车位置的事故。

5.102

过放高度 overfall height; overfall distance

过放距离

为避免过放时提升容器在井底因碰撞可能造成的破坏,在井底所设的同过卷高度相应的安全高度或距离。

5.103

矿井提升阻力 winding resistance of mine

提升系统运行时所产生的摩擦阻力、空气阻力和钢丝绳弯曲阻力等的总和。

5.104

矿井提升阻力系数 coefficient of mine winding resistance

提升容器一次提升荷载重力与矿井提升阻力之和与一次提升荷载重力的比值。

5.105

经济提升速度 optimum speed; economic hoisting speed

合理提升速度

矿井提升设备的初期投资与运转费用之和为最小时的提升速度。

5.106

经济提升量 optimum load; economic hoisting capacity

一次合理提升量

与经济提升速度相应的一次提升货载的质量。

5.107

提升循环时间 cycle time; duty cycle; hoisting cycle

一次提升全时间(拒用)

一次提升循环时间(拒用)

矿井提升机或矿井提升绞车从提升开始到下次提升开始一个周期所需的时间。

5.108

一次提升运行时间 running time per trip; net operating time per trip; net hoisting time

一次提升净时间(拒用)

提升容器提升一次所需的运转时间。

5.109

装卸载时间 rest time; decking period; decking time

休止时间

装卸停止时间(拒用)

一次提升中矿井提升机或矿井提升绞车因装、卸载而停歇的时间。

5.110

提升不均衡系数 hoisting unbalanced factor

提升不均匀系数(拒用)

考虑煤矿生产过程的不均匀性而设的矿井提升设备能力增大的系数。

5.111

提升富裕系数 hoisting abundant factor; coefficient of shaft utilization

矿井提升设备能力与矿井设计能力的比值。

5.112

过速 overspeed

超速

提升容器实际运行速度超过设计速度图规定值时的状态。

5.113

限速　rate limitation; speed limitation; speed limit

提升速度不超过允许最大值的限制。

5.114

限速器　speed governor; speed controller; speed limitator; rate governor

限制提升速度不超过允许最大值的装置。

5.115

爬行　creep

停车前矿井提升机低速、稳定运行的状态。

5.116

同侧装卸载　loading and unloading at same side

井下箕斗装载与井上卸载方向相同或井下矿车进出罐笼方向与井上矿车进出罐笼方向一致。

5.117

异侧装卸载　loading and unloading at different side

井下箕斗装载与井上卸载方向相反或井下矿车进出罐笼方向与井上矿车进出罐笼方向相反。

附加说明：

GB/T 15663《煤矿科技术语》分为如下几部分：

——第1部分:煤炭地质与勘查;

——第2部分:井巷工程;

——第3部分:地下开采;

——第4部分:露天开采;

——第5部分:提升运输;

——第6部分:矿山测量;

——第7部分:开采沉陷与特殊采煤;

——第8部分:煤矿安全;

——第10部分:采掘机械;

——第11部分:煤矿电气。

本部分为 GB/T 15663 的第 5 部分。

本部分代替 GB/T 15663.5—1995《煤矿科技术语　提升运输》。

本部分与 GB/T 15663.5—1995 相比主要变化如下：

——增加了关于车辆运输的术语（见 2.9~2.12、2.18~2.19、2.22~2.27、2.36~2.51）；

——增加了关于输送机运输的术语（见 3.8、3.10~3.13、3.23~3.24、3.27~3.30、3.33~3.35）；

——增加了关于钢丝绳运输的术语（见 4.11~4.20）；

——增加了关于提升的术语（见 5.5、5.63~5.72、5.107、5.109、5.116~5.117）；

——删除了部分术语（1995 年版的 2.1、2.12~2.13、2.24、3.7、3.8、3.21~3.22、3.29、4.2、4.11~4.13、5.7~5.8、5.18~5.19、5.25、5.35~5.44、5.88~5.92、5.103~5.104、5.112 和 5.120）；

——修改了部分术语及其定义的表述。

本部分由中国煤炭工业协会提出。

本部分由全国煤炭标准化技术委员会归口。

本部分起草单位：煤炭科学研究总院上海分院、常州科研试制中心有限公司、煤炭科学研究总院太原研究院、中煤国际工程集团南京设计研究院、中煤张家口煤矿机械有限责任公司、宁夏天地奔牛实业集团有限公司。

本部分主要起草人：李云海、陈焕镆、刘晓群、王清元、陈珏、常建、李定明、陈骥、陈保宗、段和平。

本部分所代替标准的历次版本发布情况为：

——GB/T 15663.5—1995。

中华人民共和国国家标准

煤矿科技术语 第6部分：矿山测量

Terms relating to coal mining-Part 6：Mine surveying

GB/T 15663.6—2008

代替 GB/T 15663.6—1995

1 范围

GB/T 15663 的本部分规定了矿山测量科学技术领域的主要术语，涉及矿区地面测量、矿井测量、开采沉陷与防治、基本测量仪器与工具、矿图和矿山空间信息等方面。

本部分适用于与矿山测量有关的所有文件、标准、规程、规范、书刊、教材和手册等。

2 基本术语

2.1

矿山测量[学] **mine survey；mine surveying**

建立矿区测量控制系统，测绘各种矿图，用以指导矿山工程的正确实施，监督矿产资源的合理开发和处理开采沉陷等问题的科学；为地质勘探、矿山规划设计、矿山建设、生产、运营、矿山生态环境保护以及矿山报废等各阶段所进行的各种测量、数据处理和绘图工作的总称。

2.2

高程基准面 **height datum**

大地水准面(被取代)

水准零点(被取代)

国家的高程起算面

注：我国规定采用青岛验潮站确定的黄海平均海水面作为全国统一的高程基准面。

2.3

高程 **height；elevation**

海拔（被取代）

标高（被取代）

绝对高程（被取代）

某空间点沿铅垂线方向到高程基准面的距离。

2.4

高差   altitude difference; height difference

h

两点间高程之差。

2.5

假定高程   assumed elevation

相对高度（被取代）

由任意高程基准面起算的高程。

2.6

水准原点   leveling origin

国家规定的高程起算点。

注：我国水准原点设在青岛。

2.7

水准基点   bench mark

B. M

在水准测量的路线上，每隔一定距离且在稳固处布设的高程控制点。

2.8

高斯-克吕格平面直角坐标系   Gauss-Kruger plan coordinate system

在高斯-克吕格投影平面上，以投影带的中央子午线为纵坐标轴（X 轴），赤道投影为横坐标轴（Y 轴）所构成的平面坐标系。

2.9

矿区平面直角坐标系   plan coordinate system in mining area

以矿区任意子午线（通常选择通过矿区中心的子午线）作为中央子午线，以国家统一的椭球面或以其他适当的高程面为投影面的平面直角坐标系。

2.10

三维地心坐标系   3D geocentric coordinate system

坐标原点为地球质心,其地心空间直角坐标系的 Z 轴指向国际时间局(BIH)1984.0 定义的协议地极(CTP)方向,X 轴指向 BIH1984.0 的协议子午面和 CTP 赤道的交点,Y 轴与 Z 轴、X 轴垂直构成右手坐标系,称为 1984 年世界大地坐标系。

注:这是一个国际协议地球参考系统(ITRS),是目前国际上统一采用的大地坐标系。

2.11

坐标方位角　grid bearing; coordinate azimuth

从纵坐标轴北端顺时针至某方向线的水平角度。

2.12

磁方位角　magnetic azimuth

从磁子午线北端顺时针至某方向线的水平角度。

2.13

象限角　bearing; quadrant angle

某直线方向与纵坐标轴或子午线所夹的锐角。

2.14

测站　station

为进行观测而架设测量仪器的观测点。

2.15

地理信息系统　geographic information system
GIS

GIS 是解决空间问题的工具、方法和技术;GIS 是在地理学、地图学、测量学和计算机科学等学科基础上发展起来的一门学科,具有独立的学科体系;GIS 具有空间数据的获取、存储、显示、编辑、处理、分析、输出和应用等功能;G1S 具有一定结构和功能,是一个完整的系统。

2.16

资源与环境遥感　remote sensing for natural resources and environment

是以地球资源的探测、开发、利用、规划、管理和保护为主要内容的遥感技术及其应用过程。

2.17

全球定位系统　global positioning system

GPS

由覆盖全球的多颗卫星组成的卫星系统。这个系统可以保证在任意时刻，地球上任意一点都可以同时观测到至少 4 颗以上卫星，以保证地面接收机可以采集到卫星发出的定位数据，计算出该观测点的经纬度和高度，实现导航、定位、授时等功能。

2.18

空间统计学　spatial statistics

是以研究生态学和地质学中的物质现象为主流，研究空间中"点"的分布规律，有集聚性、集聚强度、方向性等数据的一种数据分析的数学方法。

2.19

实体　entity

人类活动空间客观存在的对象，概括为点、线、面等要素，并且它们具有空间几何特性和属性特性。

2.20

矢量数据　vector data

直角坐标系中，用 X、Y 坐标（或坐标串）表示地图图形或地理实体的位置和形状的数据。

2.21

数字地形模型　digital terrain model

DTM

是用一系列地面点空间坐标值（X,Y,Z）描述地表形态的一种方式。

2.22

数字高程模型　digital elevation model

DEM

由高程数据组成的地形特征矩阵，是数字地形模型最基本的数据子集。

2.23

国际矿山测量协会　International Society of Mine Surveying

ISM

1959 年成立，是联合国教科文组织下的非官方一级学术组织。

注：中华人民共和国于 1995 年加入该组织。

2.24

地质测量　geological survey

为完成一项地质工程所进行的测量工作。

2.25

地质点测量　geological point survey

为完成某一点的地质调查而进行的测量工作。

3　矿区地面测量

3.1

矿区控制测量　control survey of mining area

建立矿区平面控制网和高程控制网的测量工作。

3.2

近景摄影测量　close range photogrammetry

利用安置在地面上基线两端点处的摄影机向目标拍摄立体像对,对所摄目标进行测绘的技术。

3.3

数字摄影测量　digital photogrammetry

是基于数字影像和摄影测量的基本原理,应用计算机技术、数字影像处理、影像匹配、模式识别等多学科的理论与方法,提取所摄对象以数字方式表达的几何与物理信息的摄影测量学的分支学科。

3.4

水准测量　leveling(survey)

直接水准测量(被取代)

几何水准测量(被取代)

用水准仪和水准标尺测定两点间高差的技术方法。

3.5

水准路线　leveling line

水准测量设站观测所经过的路线。

3.6

高程测量　height survey; height measurement

确定点的高程的测量。主要有水准测量、三角高程测量、GPS 高程测量和气压高程测量等方法。

3.7

三角高程测量　trigonometric leveling

间接高程测量（被取代）

间接水准测量（被取代）

通过测定测站点至照准点的竖直角以及这两点之间的倾斜距离，根据三角学原理求得这两点间高差的测量方法。

3.8

高程闭合差　closure error of elevation

f_h

由观测值计算的高程与准确值之差，用于衡量水准测量或三角高程测量的精度。

3.9

水平角　horizontal angle

$β$

一点到两目标的方向线在水平面上垂直投影线的夹角。

3.10

测回法　method of observation set

用经纬仪正、倒镜位依次观测两目标，以测定水平角的一种方法。

3.11

复测法　repetition method

用安装有复测装置的经纬仪，进行水平角观测的一种方法。

3.12

竖直角　vertical angle

$δ$

一点至观测目标的方向线与水平面间的夹角，仰角为正，俯角为负。

3.13

视距测量　stadia survey

用有视距装置的测量仪器和视距尺，按光学和三角学原理测定水平距离和高差的测量方法。

3.14

等高线 **contour；isohypse**

空间曲面上高程相等的各相邻点所连成的水平投影曲线。

3.15

等高线间距 **contour interval**

等高距

相邻等高线的高程差。

3.16

地形图 **topographic map；topographic drawing**

采用一定比例尺、专用符号及等高线，表示地物、地貌平面位置和高程位置的正射投影图。

3.17

碎部测量 **detail survey**

确定地物、地貌、井巷等目标物特征点位置的测量。

3.18

测量误差 **measurement error；measuring error；error of measurement**

测量值与真值之差。

3.19

随机误差 **random error；accident error**

偶然误差

在同一条件下获得的测量值序列中，其误差的数值大小、符号不定，但服从于一定统计规律的测量误差。

3.20

系统误差 **systematic error**

在同一条件下获得的测量值序列中，其误差的数值大小、符号保持不变或按一定规律变化的测量误差。

3.21

标准偏差 **standard deviation**

σ

中误差

均方误差(被取代)

随机误差平方和的平均值的平方根,作为衡量测量精度的一种数值指标。

3.22

允许误差　permissible error; allowable error; tolerance error

根据测量精度要求,所规定的随机误差的绝对值不应超过的限值。

3.23

权　weight

表示测量结果质量相对可靠程度的一种权衡值。

3.24

导线测量　traverse survey

将一系列控制点依次连成折线形式,并测定各折线边的长度和水平角(或方位角),再根据起始数据推算各测点平面位置的一种控制测量方法。

3.25

光电测距导线　EDM traverse

用电光测距仪测量边长和经纬仪(或全站仪)测角的导线。

3.26

三角测量　triangulation

通过观测相联系三角形的内角,并依据已知起始边长、方位角和起始点坐标来确定其他各三角点平面位置的一种控制测量方法。

3.27

三边测量　trilateration

测量三角形三条边的边长,以确定各三角点平面位置的一种控制测量方法。

3.28

图根控制测量　mapping control(survey)

为地形测图而建立平面控制网和高程控制网所进行的测量工作。

3.29

前方交会　forward intersection

在两个以上已知点上进行水平角观测,并根据已知点的坐标及观测角值计算出待定点坐标的测量方法。

3.30

侧方交会　side intersection

在两个已知点和一个待定点组成的三角形中,选定一个已知点和待定点进行水平角观测,从而计算出待定点坐标的测量方法。

3.31

后方交会　resection；three-point resection

在待定点上,对至少三个已知点进行水平角观测,并根据已知点的坐标及两个水平角值计算待定点坐标的测量方法。

3.32

导线边　traverse leg；traverse side

导线测量中连接两导线点间的边。

3.33

导线点　traverse point

为延伸和布设导线所设置的测点。

3.34

导线角度闭合差　angle closing error of traverse

当导线构成多边形时,多边形内(外)角和的理论值和观测值之差。或由已知方位角开始,根据所观测的水平角推算得到另外一已知方位角的计算值,其已知值和计算值之差。

3.35

导线结点　junction point of traverses

两条以上导线的汇聚点。

3.36

导线全长闭合差　total length closing error of traverse

导线闭合点或附合点的已知坐标和推算坐标之差的平方和的平方根。

3.37

导线网　traverse network

由若干单一导线所构成的网状形式的导线。

3.38

导线相对闭合差　relative length closing error of traverse

导线全长闭合差与导线长度之比。

3.39

导线转折角   traverse angle

相邻导线边之间的夹角。

3.40

闭合导线   closed traverse

形成闭合多边形的导线。

3.41

附合导线   connecting traverse

在两个已知控制点间布设的导线。

3.42

支导线   open traverse

从一个已知控制点出发，而另一端为未知点的导线。

3.43

附合水准路线   annexed leveling line

在两个已知高程控制点间布设的水准路线。

4 矿井测量

4.1

矿井测量   mine surveying

为指导和监督矿山资源的开发，在井工和露天开采中所进行的测量工作。

4.2

井下测量   underground survey

为指导和监督矿山资源的开发，在井工开采中所进行的测量工作。

4.3

联系测量   transfer survey; connection survey

将地面平面坐标系统和高程系统传递到井下的测量，包括平面联系测量和导入高程测量。

4.4

立井施工测量   construction survey for vertical shaft sinking

为保证立井竖直度和断面按设计要求施工的测量工作。

4.5

定向近井点 near shaft control point; near shaft point for orientation

近井点

定向基点(被取代)

为进行联系测量在井口附近设立的控制点。

4.6

一井定向 one-shaft orientation

通过一个立井进行的平面联系测量。

4.7

定向连接点 transfer point; connection point for shaft orientation

立井平面联系测量时,与投点垂线进行连接测量的测点。

4.8

几何定向 geometric orientation

采用几何原理进行定向的测量工作。

4.9

连接三角形法 transfer triangle method; connection triangle method

将连接点和井筒内两垂线构成三角形,进行一井定向的连接测量方法。

4.10

瞄直法 alignment method

将定向连接点位置设在两垂线的延长线上的定向连接测量方法。

4.11

投点 shaft plumbing

通过立井用垂线或激光束将地面坐标系统传递到定向水平的测量工作。有稳定设点,摆动投点和激光投点之分。

4.12

两井定向 two-shaft orientation

在井下有巷道连通的两个立井中,各挂一垂线所进行的平面联系测量工作。

4.13

定向投点 orientation projection

当采用几何定向时，将一个标高上的点位投影到另一个标高上的测量工作。

4.14

垂线投点　projection by vertical line

用垂球线进行定向投点。

4.15

稳定投点　shaft damping plumbing

投点时垂球线基本处于稳定状态的定向投点方式。

4.16

摆动投点　shaft pendulous plumbing

通过观测垂线的摆动规律而确定其静止位置的定向投点的方式。

4.17

定向误差　orientation error

由定向过程所引起的测量实体的空间误差。

4.18

陀螺经纬仪定向　gyrotheodolite orientation

陀螺定向

用陀螺经纬仪确定某边方位角的测量。

4.19

悬挂带零位观测　tape zero observation

测定陀螺轴摆动平衡位置与目镜分划板的零分划线是否重合的测量工作。

4.20

陀螺定向误差　gyro orientation error

采用陀螺定向所引起的定向边的方位角误差。

4.21

陀螺子午线　gyroscopic meridian

在陀螺仪运转状态下，陀螺摆动的平衡位置所指示的方向线。

4.22

陀螺方位角　gyroscopic azimuth

从陀螺子午线北端，顺时针至某方向线的水平夹角。

4.23

中天法 transit method

在陀螺经纬仪照准部固定条件下,通过测量指标线经过分划板零线时间和最大摆幅值,从而求得陀螺子午线的陀螺经纬仪定向方法。

4.24

逆转点法 reversal point method

用陀螺经纬仪跟踪陀螺轴的摆动,通过读取到达两逆转点时经纬仪度盘上的方向读数求得陀螺子午线的陀螺经纬仪定向方法。

4.25

井下平面控制测量 underground horizontal control survey

建立井下平面控制系统的测量。

4.26

基本控制导线 basic control traverse

井下平面测量的首级控制导线。

4.27

采区控制导线 sub-control traverse

井下平面测量的次级控制导线。

4.28

采区测量 mining district survey

为采区的施工或测图所进行的测量工作。

4.29

采区联系测量 transfer survey in mining district

通过竖直或急倾斜巷道把方向、坐标和高程连测到采区内所进行的测量工作。

4.30

巷道碎部测量 detail survey for mine workings

为绘制大比例尺巷道图和硐室图所进行的测量工作。

4.31

采煤工作面测量 coal face survey

为填绘采煤工作面动态图和计算产量、损失量而进行的测量工作。

4.32

立井中心　**vertical shaft center**

立井断面的几何中心。

4.33

立井十字中线　**cross line of vertical shaft center**

井筒中心线(被取代)

通过立井中心,在水平面上互相垂直的两条方向线,其中一条应垂直于提升绞车的主轴。

4.34

标定　**setting out**

放样(被取代)

将设计对象的几何要素测设在实地的测量工作。

4.35

巷道中线　**center line; horizontal direction of workings**

中线

巷道几何中心线在水平面上的投影线,用来指示巷道在水平面内施工的方向线。

4.36

巷道坡度线　**vertical direction of workings; roadway gradient**

腰线

与巷道底板平行,在竖直面内指示巷道施工的方向线。

4.37

贯通测量　**holing-through survey**

当井巷在两个或多个掘进工作面同时施工时,为保证巷道按设计要求正确贯通所进行的全部测量工作。

4.38

激光指向　**laser guide**

用激光指向机器给定巷道掘进方向和坡度。

4.39

贯通误差预计　**estimation of holing-through error**

井巷贯通施工之前,预先对井巷可能产生的贯通点测量误差范围所作的估算。它包含地面控制测量、联系测量和井下施工测量误差的综合影响。

4.40

导向层　guide strata

贯通掘进中,起指导掘进方向作用的岩层或煤层。

4.41

井下硐室测量　underground cavity survey

为绘制和标定井下硐室位置和形状所进行的测量工作。

4.42

罗盘仪测量　compass survey

用罗盘仪所进行的各种测量工作。

4.43

陀螺定向光电测距导线　gyrophic EDM traverse

采用陀螺测定导线边的方位,用光电测距方法进行导线边距离量测的导线。

4.44

顶板测点　roof point

设置于顶板上的测点。

4.45

底板测点　floor point

设置于底板上的测点。

4.46

点下对中　centring under point

在顶板测点上进行的测量仪器对中工作。

4.47

巷道中线标定　setting-out of working's center line

为指示巷道在水平面内的掘进方向所进行的巷道中心线标定测量工作。

4.48

巷道腰线标定　setting-out of working's slope

为指示巷道的掘进坡度,在距底板一定高度的巷道两帮标定坡度线的测量工作。

4.49

掘进收尺　footage measurement of workings

为测量掘进进度所进行的巷道丈量工作。

4.50

矿井提升设备安装测量　survey for shaft winding plant installation

矿井提升设备安装过程中所进行的测量工作。

4.51

露天矿测量　open pit survey; opencast survey; strip mine survey

在露天矿的设计、建设和生产过程中所进行的各种测量工作。

4.52

露天矿控制测量　control survey for strip mine

露天矿的控制网(点)的测量。

4.53

露天矿验收测量　stope acceptance survey

为测量剥、采、排工程位置,计算剥、采、排量而进行的测量工作。

4.54

帮坡稳定性监测　slope stability monitoring

为判断帮坡稳定性,研究帮坡移动和滑动规律而进行的测量工作。

4.55

露天矿工程测量　open pit engineering survey

为采场的施工或测图所进行的测量工作。

5　开采沉陷监测与防治

5.1

开采沉陷[学]　mining subsidence

研究由于煤矿开采所引起的岩层移动及地表沉陷的现象、规律等相关问题的科学。

5.2

变形观测　deformation measurement; deformation observation

对因开采等因素引起的地面及建(构)筑物变形和位移所进行的观测工作。

5.3

开采沉陷观测 subsidence observation

测定地表移动与变形的测量工作。

5.4

开采沉陷预计 prediction of mining subsidence

对因地下开采所引起的地表(岩层)移动和变形进行的预测。

5.5

岩层移动 strata movement

因采矿引起围岩的移动、变形和破坏的现象和过程。

5.6

地表移动观测站 observation station for surface movement

为获取采矿引起的地表移动规律,在地表按一定要求设置的测点或装置所构成的观测系统。

5.7

裂缝观测 fissure observation

为研究因开采所引起地表或建(构)筑物发生变形裂缝的规律而进行的测量工作。

5.8

地表下沉盆地 subsidence basin

指由于开采引起的采空区上方地表移动的整体形态和范围。

5.9

变形 deformation

由于地下开采引起的地表(岩层)倾斜变形、曲率变形、水平变形、扭曲和剪切变形。

5.10

移动盆地主断面 major cross-section of subsidence basin

通过移动盆地内最大下沉点沿煤层倾向或走向的断面。

5.11

移动角 angle of critical deformation

在充分或接近充分采动条件下,移动盆地主断面上,地表最外的临界变形点和采空区边界点连线与水平线在煤壁一侧的夹角。

5.12

地表临界变形值　critical surface deformation value

临界变形值

受保护的建(构)筑物仍能正常使用所允许的地表最大变形值。

5.13

边界角　boundary angle; limit angle

在充分或接近充分采动条件下，移动盆地主断面上的边界点与采空区边界之间的连线和水平线在煤柱一侧的夹角。

5.14

裂缝角　angle of outmost crack; angle of outmost fissure

在充分或接近充分采动条件下，移动盆地主断面上，地表最外侧的裂缝和采空区边界点连线与水平线在煤壁一侧的夹角。

5.15

充分采动　critical mining

临界开采

地表最大下沉值不随采区尺寸增大而增加的临界开采状态。

5.16

非充分采动　subcritical mining

地表最大下沉值随采区尺寸增大而增加的开采状态。

5.17

超充分采动　supercritical mining

超临界开采

地表最大下沉值不随采区尺寸增大而增加的，且超出临界开采的状态。

5.18

下沉系数　subsidence factor

水平或近水平煤层充分采动条件下，地表最大下沉值与采厚之比。

5.19

主要影响半径　main influence radius; major influence radius

在充分采动条件下，主断面上下沉值为 0.0063 倍最大下沉值的点与同侧下沉值为 0.9937 倍最大下沉值的点的水平距离的一半。

5.20

水平移动系数 displacement factor

水平或近水平煤层充分采动条件下,地表最大水平移动值与地表最大下沉值之比。

5.21

围护带 safety berm; safety zone

设计保护煤柱时,在受护对象的外侧增加的一定宽度的安全带。

5.22

矿区土地复垦 mine land reclamation

对开采损毁的土地,因地制宜地采取整治措施,使其恢复到可供利用的期望状态的行动或过程。

6 基本测量仪器与工具

6.1

水准仪 level
水平仪(被取代)

以水平视线为基准,测量两点高差的一种光电仪器。

6.2

水准标尺 leveling staff
水准尺

与水准仪配合进行水准测量的标尺,有普通水准标尺、精密水准标尺和数字标尺等不同类型。

6.3

经纬仪 theodolite; transit

测量水平角和竖直角的光学或光电仪器。

6.4

电子速测仪 electronic tacheometer

兼备电子测距和测角等功能的测量仪器。

6.5

电磁波测距仪　electromagnetic distance measuring instrument

以电磁波为载波，测定电磁波在待测距离上往返传播的时间以求得两点间距离的仪器。

6.6

平板仪　plane table; surveyor's table

由照准仪和平板等组成，用于直接测量和绘制地形（物）点空间位置的仪器。

6.7

照准仪　alidade

平板仪的组成部分，用以测定地形（物）点并在图上标出其位置和高程。

6.8

悬挂罗盘仪　hanging compass

在井下巷道和工作面测量中，悬挂在方向线上用于测定其磁方位的罗盘仪。

6.9

陀螺经纬仪　gyro-theodolite

由陀螺仪和经纬仪组合成一体以测定方位角的一种仪器。

6.10

激光指向仪　laser guide instrument

利用激光光束指示方向的仪器。

6.11

陀螺全站仪　gyroscopic total sation

由陀螺仪和全站仪组合成一体，具有测定方位角、测角、测距，并具有一定数据处理、存储和传输能力的仪器。

6.12

激光铅垂仪　laser plummet apparatus

利用激光光束指示铅垂方向的仪器。

6.13

矿山经纬仪　mining theodolite

适应矿山环境的经纬仪。

6. 14

全站仪　total station

具有测角、测距和一定数据处理、存储和传输能力的电子设备。

6. 15

自动安平水准仪　automatic level；compensator level

能进行自动安平的水准仪。

6. 16

GPS 接收机　GPS receiver

能接收空间定位卫星信号，并具有一定的数据处理、存储和传输能力的电子设备。

6. 17

惯性测量系统　inertial surveying system

惯性测量系统是控制系统的敏感元件，用来测量运动物体在运动过程中绕三个轴转动的角速率以及质心沿三个轴运动的线速度，用于控制运动物体稳定运动和导航。

6. 18

钻孔伸长仪　borehole extensometer

伸长仪截面为矩形，杆用刚性套保护，固定在不同深度，上部尖端伸出地面并装上手动百分度比长仪。同时还安装了一个雨量计和多个压力与位移传感器，它们都与自动数据记录仪相连接。

6. 19

巷道断面仪　roadway profiler

测量巷道在当时围岩压力作用下，巷道断面的收缩量（即当时压力、时间下的面积变形量）的仪器。

6. 20

三维激光扫描仪　3D laser scanner

采用激光扫描技术，用以获取被测实体三维空间信息的仪器。

7 矿图

7.1

矿田区域地形图 **topographic map of mine field**

反映矿田范围内地貌和地物空间位置的图件。

7.2

井田区域地形图 **topographic map of [underground] mine field**

反映井田范围内地貌和地物等地理要素的图件。

7.3

工业场地平面图 **mine yard plan**

反映工业场地内生产系统、生活设施和地貌的空间位置的图件。

7.4

井底车场平面图 **shaft bottom plan**

反映井底车场巷道、硐室以及运输和排水系统的平面位置的综合性图件。

7.5

采掘工程平面图 **mining engineering plan; mining map**

反映开采矿层或开采分层内采掘工程、地质和测量信息的综合性图件。

7.6

井上下对照图 **surface-underground contrast map; site map; location map**

反映矿山地面的地物、地貌与井下采掘工程之间空间位置对应关系的综合性图件。

7.7

采剥工程断面图 **cross-section of stripping work; stripping and mining engineering profile**

为反映剥离和回采工作状况,计算露天矿产储量、采剥量,检查梯段的技术规格而测绘的采场断面图件。

7.8

采剥工程综合平面图 **stripping work map; synthetic plan of stripping and mining**

反映露天矿所有台阶采剥工程、地质和测量信息的综合性平面图件。

7.9

保护煤柱图　safety pillar map for protecting buildings

为使地上(下)建(构)筑物、水体等需要保护的空间对象,不因煤层开采引起的移动变形而受到影响,按一定的理论技术方法计算和绘制的不应开采的煤层范围图。

7.10

矿体几何制图　geometrization of ore body

应用矿体几何学的理论和方法建立矿床的数学模型和图像模型等工作。

7.11

开采沉陷图　mining subsidence map

为表示开采地表沉陷规律和程度的图形,包括下沉等值线、水平移动等值线、倾斜变形等值线、曲率变形等值线、水平变形等值线等图形。

7.12

地表移动曲线图　curve diagram of surface movement

为表示开采所引起的地表移动和变形所绘制的曲线图形,包括地表下沉、倾斜、曲率、水平移动、水平变形等曲线图形。

7.13

矢量绘图　vector plotting

以矢量要素所绘制的图形。

7.14

主要巷道平面图　main workings plan

为表达矿井井下主要巷道的空间位置和空间关系所绘制的平面图。

7.15

排土场平面图　waste dump plan

为表达排土场的空间位置和空间关系所绘制的平面图。

7.16

煤层等厚线图　isothickness map of coal seam

用等值线表示煤层厚度变化分布的平面图。

7.17

煤层等深线图　isodepth map of coal seam

用等值线反映煤层埋藏深度变化分布的平面图。

7.18

煤层底板等高线图　contour map of coal seam floor

用等值线反映煤层底板高程变化分布的平面图。

7.19

电子矿图　electronic mining map

以矿图数据库为基础，以数字形式存贮于计算机外存贮器上，并能实时显示的可视矿图。

8　矿山空间信息

8.1

地形数据库　topographical database

存储和管理地形信息的数据库。

8.2

地质数据库　geological database

存储和管理地质信息的数据库。

8.3

矿区地面测量数据库　surface surveying database in mining area

存储和管理矿区地面测量信息的数据库。

8.4

矿山测量数据库　mine surveying database

存储和管理采矿空间测量信息的数据库。

8.5

地学空间数据　geo-spatial data

包括资源、环境、经济和社会等领域的一切带有地理坐标的数据。

8.6

空间对象　spatial object

是对空间物体或地学现象的抽象。空间对象有两个特征：一个是几何特征，它有大小、形态和位置；另一个是空间要素的属性特征。

8.7

空间数据 spatial data

用来表示空间实体的位置、形状、大小及其分布特征诸多方面信息的数据。

8.8

空间数据结构 spatial data structure

是指对空间数据进行合理的组织，以便进行计算机处理。

8.9

矿山空间信息编码 mine spatial information coding

是指对采矿空间信息按一定的科学方法进行编码，以便进行计算机处理。

8.10

数字矿山 digital mine

是在国家统一地理坐标框架中，将矿山地上地下的地形地物、资源、开拓开采系统和环境及其动态变化以数字方式存储到空间信息系统中，对采掘过程及其引起的相关现象进行定量描述、三维表达、模拟决策和网络流通，为矿山的科学管理、安全生产和可持续发展服务。

8.11

矿体几何［学］ mineral deposits geometry

利用数学模型和图像模型研究矿体形态和矿产特性分布及其变化的科学。

8.12

矿山地理信息系统 mine GIS

MGIS

MGIS 是解决资源开采空间问题的工具、方法和技术；MGIS 是在 GIS 等学科基础上发展起来的一门学科。

8.13

矿体信息可视化 visualization of mineral information

是利用计算机图形学和图像处理技术，将开采空间信息转换成图形或图像在屏幕上显示出来，并进行交互处理的理论、方法和技术。

8.14

空间信息统计学 geostatistics; spatial-information statistics

地质统计学

是数学地质领域中，从研究矿产储量计算及其误差估计问题产生和发展起来的科学。

8.15

地学信息系统　geo-information system

获取、处理、管理和分析地学空间数据的工具、技术和科学。

8.16

储量管理　reserve management

测定和统计矿产储量动态及开采损失量，以指导、监督合理地开采矿产资源的工作。

附加说明：

GB/T 15663《煤矿科技术语》分为如下几部分：

——第1部分：煤炭地质与勘查；

——第2部分：井巷工程；

——第3部分：地下开采；

——第4部分：露天开采；

——第5部分：提升运输；

——第6部分：矿山测量；

——第7部分：开采沉陷与特殊采煤；

——第8部分：煤矿安全；

——第10部分：采掘机械；

——第11部分：煤矿电气。

本部分为 GB/T 15663 的第6部分。

本部分代替 GB/T 15663.6—1995《煤矿科技术语　矿山测量》。

与 GB/T 15663.6—1995 相比，本部分主要作了如下补充和修改：

——删除了原标准中的"坐标增量"一词。

——新标准中，对基本术语、矿区地面测量、矿井测量、基本测量仪器和工具及矿图等部分进行了补充；新增开采沉陷监测与防治和矿山空间信息两部分。

——对部分术语的定义进行了修改。

本部分由中国煤炭工业协会提出。

本部分由全国煤炭标准化技术委员会归口。

本部分起草单位:中国矿业大学(北京),中国矿业大学,山东科技大学,河南理工大学,淮北矿业(集团)公司。

本部分主要起草人:陈宜金,郭达志,卢秀山,郭增长,李伟。

本部分所代替标准的历次版本发布情况为:

——GB/T 15663.6—1995。

中华人民共和国国家标准

煤矿科技术语
第 7 部分：开采沉陷与特殊采煤

GB/T 15663.7—2008

代替 GB/T 15663.7—1995

Terms relating to coal mining-Part 7：Mining subsidence &
special coal mining

---

1 范围

本部分规定了开采沉陷学和特殊采煤技术领域的主要术语，涉及煤矿开采沉陷、特殊采煤、采动损害防治等方面。

本部分适用于与开采沉陷、特殊采煤和采动损害防治有关的所有文件、标准、规程、规范、书刊、教材和手册等。

2 开采沉陷

2.1

开采沉陷[学] **mining subsidence**

研究由于煤矿开采所引起的岩层移动及地表沉陷的现象、规律等相关问题的科学。

2.2

岩层移动 **strata movement**

因采矿引起的采场围岩直至地表的移动、变形和破坏的现象和过程。

2.3

垮落带 **caving zone**

由采煤引起的上覆岩层破裂并向采空区垮落的范围。

2.4

断裂带 **fractured zone**

垮落带上方的岩层产生断裂或裂缝，但仍保持其原有层状的岩层范围。

2.5

弯曲带 sagging zone

断裂带上方直至地表产生弯曲的岩层范围。

2.6

地表移动 surface movement; ground movement

因采矿引起的岩层移动波及地表而使地表产生移动、变形和破坏的现象和过程。

2.7

地表移动盆地 subsidence basin

地表下沉盆地

由采矿引起的采空区上方地表移动的整体形态和范围。

2.8

地表移动盆地边界 boundary of subsidence basin

地表受开采影响的边界，一般以下沉 10 mm 确定。

2.9

移动盆地主断面 major section of subsidence basin; principal section of subsidence basin; principal section of subsidence trough

通过移动盆地最大下沉点沿煤层倾向或走向的竖直断面。

2.10

地表点移动向量 movement vector of surface point

地表点初始位置与移动后位置的连线的长度和方向。

2.11

地表下沉值 surface subsidence value

地表点移动向量的竖直分量。

2.12

地表水平移动值 surface displacement value

地表点移动向量的水平分量。

2.13

地表倾斜 surface tilt

地表两相邻点下沉值之差与其变形前的水平距离之比。

2.14

地表曲率　surface curvature

地表两相邻线段倾斜差与其变形前的水平距离平均值之比。

2.15

地表水平变形　surface deformation

地表两相邻点的水平移动值之差与其变形前的水平距离之比。

2.16

下沉速度　subsidence velocity

地表点两次观测的下沉差与其观测的时间间隔之比。

2.17

地表移动延续时间　lasting time of surface movement

一定区域开采条件下,从地表移动开始(下沉达到 10 mm)到结束(连续 6 个月内下沉小于 30 mm)的整个时间。

2.18

最大下沉点移动时间　lasting time of maximum subsidence point movement

充分采动条件下,最大下沉点开始下沉(下沉 10 mm)到结束(连续 6 个月内下沉小于 30 mm)的整个时间。

2.19

地表移动参数

2.19.1

地表移动参数　surface movement parameter

反映地表移动与变形特征、程度和范围的参数。

2.19.2

地表临界变形值　critical surface deformation value

临界变形值　critical deformation value

受保护的建(构)筑物仍能正常使用所允许的地表最大变形值。

2.19.3

边界角　limit angle,boundary angle

在充分或接近充分采动条件下,地表移动盆地主断面上的边界点和采空区边界点连线与水平线在煤壁一侧的夹角。

2.19.4

移动角　angle of critical deformation

在充分或接近充分采动条件下,移动盆地主断面上,地表最外边的临界变形点和采空区边界点连线与水平线在煤壁一侧的夹角。

2.19.5

裂缝角　angle of outmost crack,angle of outmost fissure

在充分或接近充分采动条件下,移动盆地主断面上,地表最外侧的裂缝和采空区边界点连线与水平线在煤壁一侧的夹角。

2.19.6

最大下沉角　angle of maximum subsidence

移动盆地主断面上,采空区中点和地表最大下沉点在地表面上投影点(在非充分采动条件下)或覆岩充分采动区界线延长线交点(充分采动条件下)的连线与水平线在下山方向的夹角。

2.19.7

下沉系数　subsidence factor

水平或近水平煤层充分采动条件下,地表最大下沉值与采厚之比。

2.19.8

水平移动系数　displacement factor

水平或近水平煤层充分采动条件下,地表最大水平移动值与地表最大下沉值之比。

2.19.9

充分采动角　angle of critical mining; angle of full subsidence

在充分采动条件下,地表移动盆地主断面的最大下沉点(或盆地平底边缘点)在地表面上投影点和同侧采空区边界点的连线与煤层底板方向线在采空区一侧的夹角。

2.19.10

主要影响半径　main influence radius; major influence radius

在充分采动条件下,主断面上下沉值为 0.0063 倍最大下沉值的点与同侧下沉值为 0.9937 倍最大下沉值的点的水平距离的一半。

2. 19. 11

主要影响角正切　tangent of main influence angle; tangent of major effective angle

开采深度与主要影响半径之比。

2. 19. 12

下沉曲线拐点　inflection point of subsidence curve

在移动盆地主断面上，下沉曲线凹凸变化的分界点。

2. 19. 13

拐点偏移距　deviation of inflection point

自下沉曲线拐点在地表面上投影点按影响传播角作直线与煤层相交，该交点与采空区边界沿煤层方向的距离。

2. 19. 14

影响传播角　influence transference angle; effective transference angle

在地表移动盆地倾向主断面上，按拐点偏移距求得的计算开采边界和下沉曲线拐点在地表面上投影点的连线与水平线在下山方向的夹角。

2. 19. 15

超前影响角　fore effective angle

在充分或接近充分采动条件下，地表移动盆地主断面上，在工作面前方开始移动的地表点和工作面推进位置的连线与水平线在煤壁一侧的夹角。

2. 19. 16

充分下沉值　subsidence value of full extraction; maximum subsidence value of full extraction

充分（或超充分）采动条件下，地表的最大下沉值。

2. 20

地表移动观测站　observation station for surface movement

为获取采矿引起的地表移动规律，在地表按一定要求设置的一系列测点或装置所构成的观测系统。

2. 21

典型曲线法　typical curve method

根据实测资料概括的无量纲曲线，用来预计类似地质、采煤条件下的地表移动值和变形值。

2.22

指数函数法 **exponential function method**

以指数函数作为剖面函数表达下沉曲线的地表移动预计方法。

2.23

概率积分法 **probability integration method**

以正态概率函数为影响函数的地表移动预计方法。

3 采动损害控制

3.1

采动程度 **mining degree**

采区尺寸和其对岩层移动和地表下沉影响的状态。

3.2

充分采动 **critical mining**
临界开采

地表最大下沉值不随采区尺寸增大而增加的临界开采状态。

3.3

非充分采动 **subcritical mining**

地表最大下沉值随采区尺寸增大而增加的开采状态。

3.4

超充分采动 **supercritical mining**
超临界开采

地表最大下沉值不随采区尺寸增大而增加的,且超出临界开采的状态。

3.5

采动系数 **coefficient of mining influence**

衡量开采区域在倾向和走向上是否达到充分采动的系数。

3.6

协调开采 **harmonic extraction**

采用多个邻近采煤工作面设计,通过时空关系以部分抵消地表变形的开采方式。

3.7

限厚开采 extraction in limited coal thickness

为减缓采动对覆岩和地表移动变形的影响,限制每次采高或总采厚的开采方式。

3.8

全柱开采 full pillar extraction

利用动态变形较小的特点,整个煤柱用多个工作面同时推进的开采方式。

3.9

条带开采 strip extraction

将开采区域划分成规则条带,采一条、留一条,以保留煤柱支撑上覆岩层的一种开采方式。

3.10

房柱式开采 room and pillar extraction

在煤层中开掘一系列煤房,采煤在煤房中进行,保留煤柱支撑上覆岩层的一种开采方式。

3.11

充填开采 extraction with back stowing

在采空区内充填水砂、矸石、粉煤灰等充填物的一种开采方式。

3.12

离层注浆充填 grouting in separated-bed

为减少采动对地表影响,通过钻孔向煤层上覆岩层离层裂隙中注浆的方法。

4 特殊采煤

4.1

特殊采煤 special coal mining

"三下"采煤 coal mining under buildings, water bodies (or aquifer) & railways

"三下"开采

指采取一定技术措施,对建筑物、水体和铁路等压滞煤柱进行部分或全部开采。

4.2

"三下"压煤 coal resource under buildings, water bodies (or aquifer) & railways

指建筑物、水体和铁路等受护对象下需要采取一定技术措施才能开采的或保留不采的煤炭资源。

4.3

保护煤(岩)柱 safety pillar

为了保护建(构)筑物、水体、铁路及主要井巷按一定规则留设的煤层和岩层区段。

4.4

建筑物下采煤 coal mining under buildings

采用特殊的方法和安全措施在建筑物下进行开采的技术。

4.5

缓冲沟 buffer trench; buffering trench

补偿沟 compensatory trench

为减轻地表变形对建筑的损害,在建筑物基础周围开挖的槽沟。

4.6

围护带 safety berm

设计煤柱时,在受护对象的外侧所增加一定宽度的安全带。

4.7

抗变形建筑物 deformation resistant structure

采取专门的结构措施而能抵抗或适应开采沉陷破坏的建筑物。

4.8

刚性结构措施 structure rigidity enhanced measures

增加建筑物刚度以抵抗开采沉陷引起损害的结构措施。

4.9

柔性结构措施 structure yielding measures

使建筑物可适应开采沉陷引起地基变形的结构措施。

4.10

滑动层 sliding layer

为减少地表水平变形引起的建筑物上部的附加应力,在基础圈梁与基础之间铺设的摩擦系数小的垫层。

4.11

铁路下采煤　coal mining under railways

在保障铁路运输条件下,采用特殊的方法和安全措施开采铁路下煤层的技术。

4.12

水体下采煤　coal mining under water-bodies(or aquifer)

在保障安全条件下,采用专门的技术和安全措施开采湖泊、河流、水库、海域或富含水冲积层等水体下的煤层。

4.13

承压含水层上采煤　coal mining above pressurized aquifer

采用专门的技术和安全措施开采邻近承压含水层上的煤层。

4.14

矿井水　mine water

受天然导水构造或开采破坏影响,通过各种自然的或人为通道进入井巷和采掘工作面的水。

4.15

矿井水害　mine water disaster

水量大、来势猛、突发性强,给矿井安全造成影响或灾害性后果的矿井充水。

4.16

矿井涌水量　amount of mine water

指矿井在建设开采过程中,不同水源的水通过不同途径单位时间内流入矿井的水量。

4.17

老窑积水　goaf water

封存于采空区中的地下水。

4.18

导水裂缝带　water conducting fractured zone

导水裂隙带　water conducting fissure zone

导水断裂带　water conducting fractured zone

垮落带上方一定范围内的岩层发生断裂或裂缝,且能使其上覆岩层中的地下水流向采空区,这部分导水断裂岩层的范围称导水裂缝带。

4.19

底板承压水导升带　pressurized water rising zone of floor

煤层底板承压含水层的水在水压力和矿压作用下上升到其底板岩层中的范围。

4.20

底板采动导水破坏带　water conducting failure zone of floor

煤层底板岩层受采动影响而产生的导水裂隙的范围,其深度为自煤层底板至采动导水裂隙最深处的法线距离。

4.21

安全水头　safety water head

不致引起矿井突水的承压水头最大值。

4.22

防水安全煤岩柱　safety pillar for resisting water inrush

为确保近水体安全开采而留设的煤层开采上(下)限至水体底(顶)界面之间的煤岩层区段。

4.23

防砂安全煤岩柱　safety pillar for resisting sand and water inrush

在松散弱含水层底界面至煤层开采上限之间设计的用于防止水砂溃入井巷的煤岩层区段。

4.24

防塌安全煤岩柱　safety pillar for resisting sand and mud inrush

在松散黏土层或已疏干的松散含水层底界面至煤层开采上限之间设计的用于防止泥砂塌入井巷的煤岩层区段。

4.25

带压开采　mining under safe water pressure of aquifer

采用专门的技术和安全措施在含水层安全水头范围内开采其上的邻近煤层。

4.26

疏水降压　reducing of water pressure by drawdown

通过工程措施对含水层进行疏干或降低水头压力的技术。

4.27

注浆堵水　resisting of water by grouting

将各种材料(水泥、水玻璃、化学材料等)制成浆液加压注入地下截堵地下水源的技术。

附加说明:

GB/T 15663《煤矿科技术语》分为如下几部分:

——第1部分:煤炭地质与勘查;

——第2部分:井巷工程;

——第3部分:地下开采;

——第4部分:露天开采;

——第5部分:提升运输;

——第6部分:矿山测量;

——第7部分:开采沉陷与特殊采煤;

——第8部分:煤矿安全;

——第10部分:采掘机械;

——第11部分:煤矿电气。

本部分为 GB/T 15663 的第7部分。

本部分代替 GB/T 15663.7—1995《煤矿科技术语　开采沉陷》。

本部分与 GB/T 15663.7—1995 相比,主要作了如下补充和修改:

——删除了原标准中的"移动区"术语。

——新增地表移动参数、采动程度、充填开采、特殊采煤、矿井水害和带压开采等方面术语23条。

——对部分术语的定义进行了修改。

本部分由中国煤炭工业协会提出。

本部分由全国煤炭标准化技术委员会归口。

本部分起草单位:煤炭科学研究总院北京开采研究所。

本部分主要起草人:张华兴、陈佩佩。

本部分所代替标准的历次版本发布情况为:

——GB/T 15663.7—1995。

中华人民共和国国家标准

GB/T 15663.8—2008

代替 GB/T 15663.8—1995

煤矿科技术语 第 8 部分：煤矿安全

Terms relating to coal mining-Part 8：Mine safety

1 范围

GB/T 15663 的本部分规定了矿井大气、矿井通风、仪表、瓦斯、粉尘、矿井火灾和矿山救护等术语。

本部分适用于与煤矿安全有关的所有文件、规程、规范、书刊、教材和手册等。

2 矿井大气

2.1

矿井空气 **mine air**

来自地面的新鲜空气和井下产生的有害气体和浮尘的混合体。

2.2

新鲜空气 **fresh air；ventilating air**

成分与地面空气成分近似或相同的空气。

2.3

污浊空气 **contaminated air；foul air**

受到井下浮尘、有害气体污染的空气。

2.4

有害气体 **harmful gas**

泛指在一定条件下，有损人体健康，危及人员和作业安全的气体，包括有毒气体、可燃性气体和窒息性气体。

2.5

有毒气体 **toxic gas**

有害气体中即使微量也能危及人的生命安全和有损人体健康的气体。

2.6

可燃性气体 inflammable gas; combustible gas

与空气混合后能燃烧或爆炸的气体。

2.7

窒息性气体 black damp; asphyxiating gas; choke damp

使矿井空气中氧气含量下降,危害人员呼吸的气体。

2.8

矿井气候条件 climatic condition in mine

由温度、湿度、大气压力和风速等参数反应的矿井空气状态。

3 矿井通风

3.1

矿井通风 mine ventilation

向矿井连续输送新鲜空气,供给人员呼吸,稀释并排出有害气体和浮尘,改善矿井气候条件及救灾时控制风流的作业。

3.2

风量 air quantity; airflow; air volume

单位时间内,流过井巷或风筒的空气体积或质量。

3.3

需风量 required airflow; required air quantity; air requirement

矿井生产过程中,为供人员呼吸,稀释和排出有害气体、浮尘,以创造良好气候条件所需要的风量。

3.4

风量分配 air distribution

将矿井总进风量,按各采掘工作面、硐室所需要的风量进行的分配。

3.5

掘进工作面风流 air current at heading face

从风筒出口到掘进工作面这一段巷道中的风流。

3.6

采煤工作面风流 air current along the working face; airflow along the

working face

采煤工作面工作空间的风流。

3.7

进风风流 intake air current; intake air; intake airflow

进入井下各用风地点以前的风流。

3.8

回风风流 return air current; return air; return airflow

从井下各用风地点流出的风流。

3.9

矿井空气调节 mine air conditioning

对矿井空气温度、湿度和风速等参数进行调节的作业。

3.10

负压 negative pressure; negative air pressure

风流的绝对压力(压强)小于井外或风筒外同标高的大气绝对压力(压强),其相对压力为负值,称负压。

3.11

正压 positive pressure; positive air pressure

风流的绝对压力(压强)大于井外或风筒外同标高的大气绝对压力(压强),其相对压力为正值,称正压。

3.12

自然通风压力 natural ventilation pressure

自然风压 natural ventilation pressure

在矿井通风系统中,由于空气柱质量不同而产生的压力差。

3.13

通风机全压 total pressure of fan

扇风机全压 total pressure of fan(拒用)

通风机出口滞止压力和进口滞止压力之差值。

3.14

通风机动压 velocity pressure of fan

扇风机动压 velocity pressure of fan(拒用)

由质量流量、出口平均气体密度和通风机出口面积计算出的通风机出口的常规动压。

3. 15

通风机静压   **static pressure of fan**

扇风机静压   **static pressure of fan(拒用)**

通风机的全压和动压之差。

3. 16

通风压力分布图   **ventilation pressure distribution chart; ventilation pressure distribution map**

表示某一通风线路的压力(压强)、阻力变化的图形。

3. 17

摩擦阻力   **frictional resistance; friction loss**

由于风流和井巷壁或管道壁的摩擦而产生的阻力。

3. 18

局部阻力   **local resistance; shock resistance; shock loss**

由于风流速度或方向的变化,导致风流剧烈冲击,形成涡流而引起的阻力。

3. 19

通风阻力   **mine resistance; ventilation resistance; pressure drop; ventilation loss**

风流的摩擦阻力和局部阻力的总称。

3. 20

摩擦阻力系数   **coefficient of frictional resistance**

与井巷或管道壁面粗糙程度和空气密度有关的系数。

3. 21

局部阻力系数   **coefficient of shock resistance; coefficient of local resistance**

与风流方向和速度变化有关的系数。

3. 22

摩擦风阻   **resistance; specific friction resistance**

表示井巷或管道通风摩擦阻力特性的数值。

3. 23

局部风阻   **specific local resistance; impact resistance**

表示井巷或管道转弯或断面变化地点局部阻力特性的数值。

3.24

总风阻 **specific total resistance; total resistance**

矿井井巷或管道的摩擦风阻和局部风阻之和。

3.25

等积孔 **equivalent orifice**

与矿井或井巷的风阻值相当的假想薄板孔口的面积值，用来衡量矿井或井巷通风难易程度。

3.26

风阻特性曲线 **characteristic curve of air resistance; airway characteristic curve**

表示矿井、井巷或管道的通风阻力和风量关系的特征曲线。

3.27

机械通风 **mechanical ventilation; fan ventilation**

利用通风机产生的风压对矿井或井巷进行通风的方法。

3.28

自然通风 **natural ventilation; natural draught**

利用自然风压对矿井或井巷进行通风的方法。

3.29

局部通风 **local ventilation**

利用局部通风机或主要通风机产生的风压对局部地点进行通风的方法。

3.30

掘进通风 **heading ventilation**

利用局部通风机和风筒或风障对掘进工作面进行通风的方法。

3.31

全风压通风 **ventilation of total pressure**

利用矿井主要通风机产生的风压和导风设施，向采掘工作面和硐室等用风地点进行通风的方法。

3.32

扩散通风 **diffusion ventilation**

利用空气中分子的自然扩散对局部地点进行通风的方法。

3.33

分区通风 separate ventilation

并联通风 parallel ventilation

井下各用风地点的回风风流直接进入采区回风道或总回风道，不再进入其他采掘工作面的通风方式。

3.34

串联通风 series ventilation

井下用风地点的回风风流再次进入其他用风地点的通风方式。

3.35

压入式通风 forced ventilation; forced draught; blowing ventilation

正压通风 forced ventilation

通风机向井下或风筒内输送空气的通风方法。

3.36

抽出式通风 exhaust ventilation

负压通风 exhaust ventilation

通风机从井下或局部用风地点抽出污浊空气的通风方法。

3.37

上行通风 ascensional ventilation

风流沿采煤工作面由下向上流动的通风方式。

3.38

下行通风 descensional ventilation

风流沿采煤工作面由上向下流动的通风方式。

3.39

独立风流 separate ventilation; separate airflow

特指从主要进风巷道分出的、经过爆炸材料库或充电硐室后进入主要回风巷道的风流。

3.40

循环风 recirculating air

部分回风再进入同一进风流中的风流。

3.41

风量自然分配 **natural distribution of airflow**

在矿井通风网络中,按各井巷风阻大小进行的风量分配。

3.42

矿井通风系统 **mine ventilation system; underground mine ventilation system**

矿井主要通风机工作方法,进、出风井的布置方式,通风网络和通风设施的总称。

3.43

矿井通风方式 **mine ventilation pattern**

矿井进风井和回风井在井田内不同位置的布置方式。

3.44

矿井通风方法 **ventilation method of main fan**

矿井主要通风机对矿井风流产生通风压力的工作方法。有抽出式、压入式和压抽混合式三种。

3.45

中央式通风 **centralized ventilation; central ventilation**

进风井位于井田中央,出风井位于井田中央或沿边界走向中部的通风方式。

3.46

对角式通风 **diagonal ventilation**

进风井位于井田中央,出风井在两翼,或出风井位于井田中央,进风井在两翼的通风方式。

3.47

混合式通风 **compound ventilation; radial ventilation**

井田中央和两翼边界均有进、出风井的通风方式。

3.48

通风系统图 **ventilation diagram; ventilation schematic; ventilation map**

表示矿井通风网络,通风设备、设施,风流的方向和风量等参数的平面图或立体图。

3.49

通风网络图 **ventilation network chart; ventilation network schematic; ven-**

tilation network map

用通风路线表示矿井或采区内各巷道连接关系的示意图。

3.50

串联网络 **series network; network in series**

多条风路依次连接起来的网络。

3.51

并联网络 **parallel network; network in parallel**

两条或两条以上的风路,从某一点分开又在另一点汇合的网络。

3.52

角联网络 **diagonal network**

有一条或多条风路把两条并联风路连通的网络。

3.53

主要通风机 **main fan; main mine fan; mine ventilating fan**

主要扇风机 **main fan(拒用)**

安装在地面上的,向全矿井、一翼或一个分区供风的通风机。

3.54

局部通风机 **auxiliary fan; auxiliary ventilating fan**

局部扇风机 **auxiliary fan(拒用)**

向井下局部地点供风的通风机。

3.55

辅助通风机 **booster fan**

辅助扇风机 **auxiliary fan(拒用)**

某分区通风阻力过大,主要通风机不能供给足够风量时,为了增加风量,而在该分区所使用的通风机。

3.56

水力引射器 **water jet**

用压力水射流为动力,把风流送到用风点的装置。

3.57

压气引射器 **air jet**

用压缩空气射流为动力,把风流送到用风点的装置。

3.58

通风机特性曲线　fan characteristic curve; fan performance curve

通风机风压、功率和效率分别与风量关系的曲线。

3.59

通风机个体特性曲线　singular fan characteristic curve

表示某台通风机在直径、转数、叶片角度一定时，其风压、功率和效率分别与风量关系的曲线。

3.60

通风机工况点　fan operating point

通风机风压个体特性曲线与矿井或管道风阻特性曲线在同一坐标图上的交点。

3.61

通风机全压输出功率　total output power of fan

用通风机的全压和风量计算的功率。

3.62

通风机静压输出功率　static output power of fan

用通风机的静压和风量计算的功率。

3.63

通风机效率　fan efficiency

通风机输出功率与输入功率之比。

3.64

通风机全压效率　overall fan efficiency; fan total efficiency

通风机全压输出功率与输入功率之比。

3.65

通风机静压效率　static efficiency; fan static efficiency

通风机静压输出功率与输入功率之比。

3.66

通风机附属装置　accessory equipment of fan

与通风机配套使用的扩散器、防爆门、反风装置和风硐等的总称。

3.67

风硐　fan drift; air drift

引风道　air drift

主要通风机和风井之间的专用风道。

3.68

扩散器　fan diffuser; fan evase; evase

与主要通风机出口相连且断面逐渐扩大的风道。

3.69

防爆门　breakaway explosion door

安装在出风井口,以防瓦斯、煤尘爆炸时毁坏通风机的安全设施。

3.70

风量调节　air regulation

为了满足采掘工作面和硐室所需风量,对矿井总风量或局部风量进行的调配。

3.71

矿井有效风量　effective air quantity

送到采掘工作面、硐室和其他用风地点的风量之总和。

3.72

漏风　leakage; ventilation leakage; air leakage

从与生产无关的通路中漏失的风流。

3.73

矿井外部漏风　surface leakage

从装有主要通风机的井口和附属装置处所漏失的风流。

3.74

矿井内部漏风　underground leakage

未流经采掘工作面、硐室和其他用风地点,直接漏入回风流的无效风流。

3.75

矿井外部漏风率　surface leakage rate

矿井外部漏风量占通风机风量的百分数。

3.76

矿井内部漏风率　underground leakage rate

矿井内部漏风量占矿井总进风量的百分数。

3.77

矿井有效风量率　ventilation efficiency; volumetric efficiency; effective rate of air quantity

矿井有效风量占矿井总进风量的百分数。

3.78

风桥　air crossing; air bridge; overcast

设在进、回风交叉处，使回风和进风互不混合的设施。

3.79

风门　air door; ventilation door

在需要通过人员和车辆的巷道中设置的隔断风流的设施。

3.80

反风　reversing the air; reversing of air flow; ventilation reversal

为防止灾害的扩大和抢救人员的需要，所采取的迅速倒转风流方向的措施。

3.81

反风闸门　reversing airlock door

为实现矿井反风而安装在主要通风机进、出风口的闸门。

3.82

反风道　reversing air way

为实现风流倒转，连接通风机出风口与风硐的专用风道。

3.83

反风风门　reversing door; door for air reversing

与正常风门开启方向相反，风流反向时仍能隔断风流的风门。

3.84

风窗　regulator; ventilation regulator

调节风门　air regulator

安装在风门或其他通风设施上可供调节风量的窗口。

3.85

风墙　air barrage; stopping; air stopping

密闭　air stopping

为隔断风流在巷道中设置的隔墙。

3.86

风障 brattice; air brattice

设在矿井巷道或工作面内,引导风流的设施。

3.87

风帘 air curtain

用柔性材料做成的,在矿井巷道或工作面内控制风量或改变风流方向的设施。

3.88

风筒 air duct; air tube; vent tubing; ventilation tube

引导风流沿着一定方向流动的管道。

3.89

测风站 air measuring station

用于测量风量的,壁面光滑、断面规整的一段平直巷道。

3.90

专用回风巷 specific return airway

在采区巷道中专用于回风的巷道。该巷道不得用于运料、运输、安设电气设备,在煤(岩)与瓦斯(二氧化碳)突出区,还不得行人。

3.91

进风巷 intake air way

进风风流所经过的巷道。为全矿井或矿井一翼进风用的称总进风巷;为几个采区进风用的称主要进风巷;为一个采区用的称采区进风巷;为一个工作面用的称工作面进风巷。

3.92

回风巷 return air way

回风风流所经过的巷道。为全矿井或矿井一翼回风用的称总回风巷;为几个采区回风用的称主要回风巷;为一个采区回风用的称采区回风巷;为一个工作面回风用的称工作面回巷。

3.93

灾变通风 ventilation control during mine accident

矿井发生灾害事故时,为有效控制灾区风流,防止侵袭其他区域的通风技术。

3.94

通风设施　ventilation equipment and installation

通风构筑物　ventilation equipment and installation

在矿井通风网络中用于引导、隔断和控制风流的设施。

3.95

旋流风筒　rotary ventilation tube

附壁风筒　rotary ventilation tube

使风流沿风筒侧壁呈螺旋状风流流出的通风设施。

4　仪表

4.1

风速表　anemometer

风表　anemometer

测量风流速度的仪器。

4.2

压差计　manometer

测量井巷或管道流体中两点间压力差的仪器。

4.3

倾斜压差计　inclined manometer

测量管倾斜安装,倾角可调的压差计。

4.4

气压计　barometer

测定气体压强的仪器。

4.5

风速表校正曲线　calidration curve for anemometer

风表校正曲线　calidration curve for anemometer

表示风速表的读数与真实风速关系的曲线。

4.6

检定管　detector tube; gas detector

根据管内指示剂的变色程度或变色长度确定某种气体浓度的细玻璃管。

4.7

粉尘采样器　dust sampler

在含尘空气中采集粉尘试样的便携式器具。

4.8

个体粉尘采样器　personal dust sampler; portable dust sampler

由个人佩戴连续抽取呼吸带范围含尘空气的粉尘采样器。

4.9

光干涉式甲烷测定器　methane detector of interferometer type; interference methanometer; methane interferometer

应用光干涉原理,测量甲烷浓度的仪器。

4.10

催化燃烧式甲烷测定器　catalytic methanometer; catalytic methane tester; methane detector of catalytic oxidation type

利用催化燃烧原理测量空气中甲烷浓度的仪器。

4.11

热导式甲烷测定器　methane detector of thermal conductive type

利用甲烷和空气导热率不同的原理,测量甲烷浓度的仪器。

4.12

甲烷警报器　methane alarm; firedamp alarm

能测定空气中甲烷浓度,且当甲烷含量达到一定浓度时发出声、光警报信号的仪器。

4.13

甲烷断电仪　methane circuit breaker; gaseous circuit-breaker

井下甲烷浓度超限时,能自动切断受控设备电源的装置。

4.14

粉尘浓度测定器　dust detector

测量空气中粉尘含量的仪器。

4.15

煤尘爆炸性鉴定装置　testing instrument for coal-dust explosibility

鉴定煤尘是否具有爆炸性的仪器。

4.16

风电闭锁装置 interlocked circuit breaker

当掘进工作面局部通风机停止运转时,能立即自动切断该供风巷道中一切非本质安全型电气设备电源的装置。

4.17

风电甲烷闭锁装置 multifunction interlocked circuit breaker

当掘进工作面局部通风机停止运转时或空气中甲烷浓度超限时,能立即自动切断该供风巷道中一切非本质安全型电气设备电源的装置。

4.18

煤矿安全监控系统 safety monitoring and controlling system in coal mine

能自动监测、记录井下各地点多种参数值(如甲烷、一氧化碳、二氧化碳浓度,风速,温度,气压等),并当某参数超过预置阈值时,能自动报警和断电的监控系统。

4.19

矿用一氧化碳传感器 CO sensor in coal mine

将矿井空气中一氧化碳浓度变量转换成与之相应的输出信号的连续监测装置。是连续监测矿井环境气体中一氧化碳传感器浓度的仪器。

4.20

矿用甲烷传感器 CH_4 sensor in coal mine

将空气中甲烷浓度变量转化成与之相应的输出信号的装置。是连续监测矿井环境气体中甲烷浓度的仪器。

4.21

矿用风速传感器 air speed sensor in coal mine

将风流变量转化成与之相应的输出信号的装置。是连续监测矿井通风巷道中风速大小的仪器。

4.22

矿用负压传感器 negative pressure sensor in coal mine

将气体压力差变量转化成与之相应的输出信号的装置。是连续监测矿井风机、风门、密闭巷道、通风巷道等地通风压力的仪器。

4.23

矿用氧气传感器 O_2 sensor in coal mine

将氧气变量转化成与之相应的输出信号的装置。是连续监测矿井环境气体中氧气浓度的仪器。

4.24

矿用温度传感器 temperature sensor in coal mine

将温度变量转化成与之相应的输出信号的装置。是连续监测矿井环境温度大小的仪器。

4.25

矿用烟雾传感器 smoke sensor in coal mine

将火灾警戒范围某一点周围的烟雾参数变量转化成与之相应的输出信号的装置。是连续监测矿井中运输胶带等着火时产生的烟雾浓度的仪器。

4.26

矿用风门开闭传感器 wind door on/off sensor in coal mine

将风门开、关变量转化成与之相应的输出信号的装置。是连续监测矿井风门开闭的仪器。

4.27

矿用二氧化碳传感器 CO_2 sensor in coal mine

将空气中二氧化碳浓度变量转化成与之相应的输出信号的装置。是连续监测矿井环境气体中二氧化碳浓度的仪器。

4.28

矿用馈电传感器 power supply sensor in coal mine

将馈电变量转化成与之相应的输出信号的装置。是连续监测矿井中馈电开关或磁力起动器负载侧有无电压的仪器。

4.29

煤矿井下作业人员管理系统 management system for the under ground personnel in a coal mine

检测井下人员位置,具有携卡人员出/入井时刻、重点区域出/入时刻、限制区域出/入时刻、工作时间、井下和重点区域人员数量、井下人员活动路线等检测、显示、打印、储存、查询、报警等功能的系统。

[AQ 1048—2007 术语和定义 3.1]。

5 瓦斯

5.1

瓦斯 gas; firedamp

在煤炭界，习惯上指煤层气或矿井瓦斯。

5.2

矿井瓦斯 mine gas

矿井中以甲烷为主的气体，有时特指甲烷。

5.3

煤层瓦斯含量 gas content in coal seam

在自然条件下，单位质量或单位体积煤体中所含有的瓦斯体积量。

5.4

瓦斯容量 gas capacity of coal

在一定条件下，单位质量或体积的煤体中能容纳的最大瓦斯体积量。

5.5

瓦斯储量 gas reserves

矿井一定范围内煤层和岩层中所含有的瓦斯总量。

5.6

残存瓦斯 residual gas

经过一段时间的瓦斯释放后，煤块或煤体中残留的瓦斯。

5.7

煤层瓦斯压力 coalbed gas pressure

瓦斯在煤层中所呈现的压力（压强）。

5.8

游离瓦斯 free gas

赋存在煤岩体孔隙中呈自由气态的瓦斯。

5.9

吸附瓦斯 absorbed gas

在煤的孔隙表面上和煤的粒子内部呈吸附状态存在的瓦斯。

5. 10

吸附等温线　adsorption isothermal

在恒温条件下,单位质量煤样的瓦斯吸附量随瓦斯压力(压强)变化的曲线。

5. 11

吸附等压线　adsorption isobar

在恒压条件下,单位质量煤样的瓦斯吸附量随温度变化的曲线。

5. 12

瓦斯涌出　gas emission

由采落的煤(岩)或由受采动影响的煤层、岩层向井下空间放出瓦斯的现象。

5. 13

瓦斯涌出量　gas emission rate

涌入矿井风流中的瓦斯量,可以用绝对瓦斯涌出量或相对瓦斯涌出量表示。

5. 14

矿井瓦斯涌出量　[underground]mine gas emission rate

从煤层和岩层以及采落的煤(岩)涌入矿井风流中的瓦斯总量。

5. 15

绝对瓦斯涌出量　absolute gas emission rate

单位时间内涌出的瓦斯量。

5. 16

相对瓦斯涌出量　relative gas emission rate

平均每产 1 t 煤所涌出的瓦斯量。

5. 17

瓦斯矿井等级　classification of gaseous mine

根据矿井的瓦斯涌出量和涌出形式划分的矿井的瓦斯等级。

5. 18

瓦斯等值线　gas emission isovol

瓦斯等量线　gas emission isovol

在矿图上,瓦斯含量或瓦斯涌出量相等点的连线。

5. 19

开采层瓦斯涌出　gas emission from extracting seam; gas outflow from ex-

tracting seam

本煤层瓦斯涌出 gas emission from extracting seam

进行采掘作业煤层的瓦斯向开采空间的涌出。

5.20

邻近层瓦斯涌出 gas emission from next seam; gas outflow from next seam

受采掘作业影响,邻近的煤(岩)层的瓦斯向开采空间的涌出。

5.21

采空区瓦斯涌出 gas emission from gob; gas outflow from gob

采空区积聚的瓦斯向开采空间的涌出。

5.22

矿井瓦斯平衡 balance of mine gas

各种瓦斯来源在矿井瓦斯涌出总量中所占的比例。

5.23

瓦斯涌出不均衡系数 unbalance factor of gas emission; unbalance factor of gas outflow

一定区域内最大瓦斯涌出量与平均瓦斯涌出量的比值。

5.24

瓦斯涌出量预测矿山统计法 statistical method of mine

根据邻近矿井或本井田浅部水平实际瓦斯涌出量资料,统计分析得出矿井瓦斯涌出随开采深度变化的规律,最终推算出新矿井或延深水平的瓦斯涌出量的方法。

5.25

瓦斯涌出量分源预测法 prediction method based on gas source

以煤层瓦斯含量、煤层赋存状况及开采技术条件为基础,按照瓦斯源及瓦斯涌出规律分别计算回采工作面、掘进工作面、采区及全矿井瓦斯涌出量的方法。

5.26

局部瓦斯积聚 gas accumulation; methane accumulation

开采空间内,局部(体积大于 0.5 m³)空间内瓦斯浓度超过 2% 的现象。

5.27

　　煤(岩)与瓦斯突出　coal (rock) and gas outburst

　　在地应力和瓦斯的共同作用下,破碎的煤(岩)和瓦斯由煤体或岩体内突然向采掘空间抛出的异常动力现象。

5.28

　　煤(岩)与瓦斯突出矿井　coal (rock) and gas outburst mine

　　经鉴定,在采掘过程中发生过煤(岩)与瓦斯突出的矿井。

5.29

　　二氧化碳突出　carbon dioxide outburst

　　在地应力和二氧化碳气的共同作用下,二氧化碳气突然地由岩(煤)体内向采掘空间抛出的异常动力现象。

5.30

　　瓦斯放散初速度　initial velocity of gas

　　煤初始暴露时瓦斯涌出的速度。表示煤层突出危险的一个指标。

5.31

　　瓦斯爆炸　gas explosion

　　瓦斯和空气混合后,达到瓦斯爆炸界限,遇高温热源发生的热-链式氧化反应,并伴有高温及压力(压强)上升的现象。

5.32

　　瓦斯爆炸界限　gas explosion limits

　　瓦斯和空气混合后,能发生爆炸的浓度范围。

5.33

　　瓦斯层　firedamp layer

　　瓦斯在工作面和巷道顶部形成的层状聚积。

5.34

　　瓦斯风化带　gas weathered zone

　　由于风化作用,煤层瓦斯含量小于 $2\ m^3/t$,或煤层瓦斯组分中,甲烷体积小于 80% 的地带。

5.35

　　瓦斯涌出量梯度　gas gradient

瓦斯梯度　gas gradient

在瓦斯风化带以下,深度每增加一单位,相对瓦斯涌出量增加的量。

5.36

瓦斯预测图　gas emission forecast map

按瓦斯涌出量或含量随深度变化规律编制的矿井未开采区的瓦斯等值线图。

5.37

瓦斯喷出　gas blower,gas blow out

从煤体或岩体裂隙中大量瓦斯异常涌出的现象。

5.38

突出强度　intensity of outburst

一次突出、抛出的煤(岩)量和喷出的瓦斯量。用以衡量突出规模的大小。

5.39

延期性突出　delay outburst

指工作面在采掘作业或外界扰动后,间隔一段时间才发生突出的现象。

5.40

始突深度　depth of an initial outburst

指矿井发生突出地点的最浅埋藏深度。

5.41

煤的坚固性系数　hardness coefficient of coal

指由煤的各种性质(如结构、强度、构造等)所决定的抵抗外力破坏的一个综合性指标。

5.42

震动爆破　shock blasting

震动放炮　shock blasting

用增加炮眼数量,加大装药量等措施诱导煤和瓦斯突出的特殊爆破作业。

5.43

深孔松动爆破　long-hole shock blasting

在采掘工作面煤体中,为松动煤体、改变煤体的应力状态,防止煤(岩)与瓦斯突出而打一定数量和深度的炮眼,装适量炸药进行爆破的一种措施。

5.44

控制预裂爆破　**controlled presplitting blasting; controlled preshearing**

在煤体中，打若干个爆破孔和控制孔，通过爆破使煤层产生裂隙，导致高地应力转移、加速瓦斯抽排、降低瓦斯压力梯度，减少突出潜能的措施。

5.45

大直径排放钻孔　**large diameter releasing hole; large diameter degassing hole**

在突出危险煤层掘进时，为排放煤层瓦斯，改变煤体的应力状态，防止煤（岩）与瓦斯突出，在工作面前方煤体中钻凿的大直径钻孔。

5.46

水力冲孔　**hyduaulic releasing hole**

为释放突出潜能；减小或消除突出危险，利用高压水钻头向具有自喷能力的煤层钻凿的钻孔。

5.47

保护层　**protective seam**

为消除或削弱在开采相邻煤层时的突出或冲击地压危险而先开采的煤（岩）层。

5.48

被保护层　**protected seam**

开采保护层后，受到采动影响而消除或削弱了突出或冲击地压危险的相邻煤层。

5.49

瓦斯抽放　**gas drainage**

采用专用设施，把煤层、岩层及采空区中的瓦斯抽出或排出的技术措施。

5.50

开采层瓦斯抽放　**gas drainage from extracting seam**

本煤层瓦斯抽放　**gas drainage from extracting seam**

抽放开采煤层的瓦斯。

5.51

邻近层瓦斯抽放　**gas drainage from adjacent seam;gas drainage from next**

seam

抽放受开采层采动影响的上、下邻近煤层(可采煤层、不可采煤层、煤线、岩层)的瓦斯。

5.52

采空区瓦斯抽放 **gas drainage from gob**

抽放现采空区和老采空区的瓦斯。

5.53

预抽 **gas drainage from virgin coal seam; pre-drainage of coal seam**

煤层在开采以前进行的瓦斯抽放。

5.54

瓦斯抽放量 **gas drainage volume; gas drainage rate**

瓦斯抽放纯量 **pure gas drainage volume**

指矿井抽出瓦斯气体中的甲烷量。

5.55

可抽瓦斯量 **drainable gas quantity; gas volume to be drained**

指瓦斯储量中在目前技术条件下能被抽出的瓦斯量。

5.56

钻孔瓦斯流量衰减系数 **damping factor of gas flowrate per hole**

表示钻孔瓦斯流量随时间延长呈衰减变化的系数。

5.57

煤层透气性 **gas permeability coefficient of coal seam**

在一定条件下,瓦斯在煤层中流动的难易程度,可由"透气性系数(coefficient of permeability)"衡量。透气性系数与渗透率成正比。

5.58

渗透率 **permeability; infiltration rate**

在规定的条件下,流体穿过空隙介质的流速。

5.59

达西 **Darcy**

孔隙介质渗透率的非法定计量单位。原定义为:具有1厘泊黏度的流体在每厘米1个大气压的压力梯度下,流经每平方厘米孔隙介质断面的流量为1立方厘米每秒时,则该介质的渗透率为一个达西(D)。千分之一达西称为 1 毫达西 (mD)。与法定计量单位(m^2)的换算关系为:$1\ mD = 0.9869 \times 10^{-9}\ m^2$。

5.60

瓦斯抽放率　**gas drainage efficiency; methane drainage efficiency**

瓦斯抽放量占其抽排瓦斯总量的百分比。

5.61

瓦斯预抽率　**gas predrainage efficiency,methane pre-drainage efficiency**

在一定抽放时间内预抽瓦斯量与控制范围内煤层瓦斯储量的百分比。

5.62

瓦斯利用率　**availability of gas; availability of methane**

瓦斯利用量占抽出瓦斯量的百分数。

5.63

钻孔抽放量　**gas quantity perborehole**

一个抽放钻孔在单位时间内所抽出的瓦斯量。

5.64

钻孔有效抽放半径　**effective radius of degassing borehole; effective radius of suction hole**

在一定时间内从钻孔内能抽出瓦斯的有效距离。

5.65

封孔器　**hole packer**

瓦斯抽放和煤层注水钻孔孔口的密封装置。

5.66

放水器　**drainage device**

放出抽放管路中积水的专用装置。

5.67

防回火装置　**flame arrestor**

在抽放管路中,阻止火焰蔓延的安全装置。

5.68

水封防爆箱　**explosive-proof box**

在抽放瓦斯管路中,用以隔爆的一种水箱式安全装置。

6 粉尘

6.1

粉尘 **dust**

固体物质细微颗粒的总称。

6.2

矿尘 **mine dust**

矿井生产过程中产生的粉尘。

6.3

煤尘 **coal dust**

细微颗粒的煤炭粉尘。

6.4

岩尘 **rock dust; stone dust**

细微颗粒的岩石粉尘。

6.5

浮游粉尘 **floating dust; airborne dust**

浮尘

悬浮在空气中的粉尘。

6.6

落尘 **deposited dust; settled dust**

沉积粉尘 **sediment dust**

因自重而降落在物体和巷道周边上的粉尘。

6.7

呼吸性粉尘 **respirable dust**

能被吸入人体肺泡区的浮尘。

6.8

可吸入粉尘 **inhalation dust**

可被吸入人体内的浮尘。

6.9

粉尘粒度分布 **size distribution of dust; dispersion of dust**

粉尘分散度、粉尘粒径分布　size distribution of dust

在含尘空气中，不同粒径粉尘的质量或颗粒数占粉尘总质量或总颗粒数的百分比。

6.10

游离二氧化硅　free silica

岩石或矿物中没有与金属或金属化合物结合而呈游离状态的二氧化硅。

6.11

防尘措施　dust-suppression measures; dust prevention measures

防止或减少粉尘产生和降低粉尘浓度的技术措施。

6.12

钻粉　drill cuttings; drilling dust; drilling

在岩层或（和）煤层中钻孔时所排出的粉尘。

6.13

粉尘浓度　dust concentration

单位体积空气中含有粉尘的质量或颗粒数。

6.14

允许粉尘浓度　dust concentration limitation; permissible dust concentration
国家有关规程规定的、允许最高的粉尘浓度。

6.15

煤尘爆炸　coal dust explosion

悬浮在空气中的煤尘，达到爆炸浓度，遇到高温热源而发生快速氧化反应，并伴有高温和压力跃升的现象。

6.16

煤尘爆炸特性　characteristic of coal dust explosion

表示煤尘着火易难程度和爆炸猛烈程度的特性值。

6.17

煤尘爆炸危险煤层　coal seam liable to dust explosion

经爆炸性鉴定证明煤尘具有爆炸性的煤层。

6.18

隔爆　explosion suppression

阻止爆炸传播的技术。

6.19

自动隔爆装置　automatic triggered barrier

在探测到爆炸的信息后能自动、及时喷出消焰物质,抑制爆炸或阻止其传播的装置。

6.20

尘肺病　pneumoconiosis

由于长期过量吸入细微粉尘而引起的以肺组织纤维化为主的职业性疾病。

6.21

硅肺病　silicosis

矽肺病　silicosis(拒用)

由于长期吸入含结晶型游离二氧化硅的岩尘所引起的尘肺病。

6.22

煤肺病　anthracosis

由于长期吸入煤尘所引起的尘肺病。

6.23

煤硅肺病　anthraco-silicosis

煤矽肺病　anthraco-silicosis(拒用)

由于长期吸入煤尘和含结晶型游离二氧化硅的岩尘所引起的尘肺病。

6.24

综合防尘　comprehensive precaution agaist dust; comlex precaution agaist dust

在有粉尘的场所采取多种防尘措施的总称。

6.25

喷雾洒水　water spray; dust wetting

用喷出的水雾和洒水湿润粉尘,使其沉降、减少空气中的含尘量和抑制落尘飞扬的措施。

6.26

喷雾装置　water sprayer; atomizer; water atomizer

把水雾化为细微水粒的装置。

6.27

煤层注水　coal seam infusion; infusion in seam

通过钻孔,将压力水和水溶液注入煤体,增加水分,以改变煤的物理学性质,可减少煤尘的产生,还可减少冲击地压、煤与瓦斯突出和自然发火。

6.28

湿润剂　wetting agent; dust wetting agent

能降低水的表面张力的化学物质。

6.29

湿式除尘器　wet dust collector

以水为介质分离、捕集空气中粉尘的装置。

6.30

机械除尘器　mechanical collector; mechanical dust collector

利用重力、惯性力、离心力的作用,分离、捕集空气中粉尘的装置。

6.31

旋流除尘器　cyclong dust collecting cyclong; cyclong colletor; cyclong dust colletor

利用旋转运动产生的离心力,分离、捕集空气中粉尘的装置。

6.32

过滤除尘器　filter collecter

利用纤维层、颗粒层分离、捕集空气中粉尘的装置。

6.33

袋式除尘器　bag collecter

使含尘空气通过过滤箱(袋)而分离、捕集空气中粉尘的装置。

6.34

水幕　water curtain

为净化空气,在巷道中用喷嘴喷出的水雾构成的屏障,用于降尘的设施。

6.35

水棚　water barrier

为阻止爆炸传播,在巷道中安装的由水槽或水袋组成的棚架。

6.36

岩粉 rock dust; stone dust

专门生产的,用于防止煤尘爆炸及其传播的惰性粉状物。

6.37

撒布岩粉 rock dusting; stone dusting

在一定长度巷道周边上喷撒岩粉,防止煤尘爆炸的措施。

6.38

岩粉棚 rock dust barrier; stone dust barrier

为阻止爆炸传播,在巷道中安设的装载岩粉的棚架。

6.39

防尘口罩 dust mask

防止或减少空气中粉尘进入人体呼吸器官的口罩。

6.40

送风式防尘口罩 air feeding mask; hose mask

利用微型通风机向口罩内送风的防尘口罩。

6.41

防尘安全帽 safety helmet for personnel dust protection

具有防尘功能的安全帽。

6.42

粉尘湿润性 dust wettability

粉尘粒子与水相互附着或附着难易的性质。

6.43

粉尘粘附性 dust conglutination

粉尘粒子附着在固体表面上,或粒子彼此相互附着的现象。

6.44

粉尘荷电性 dust electric charge

粉尘在产生和运动中,使粉尘粒子带有一定正负电荷的现象。

6.45

呼吸性粉尘浓度 respirable dust concentration

单位体积空气中含有呼吸性粉尘的质量或颗粒数。

6. 46

接触粉尘浓度　contact dust concentration

用个体采样器测量一个工作班时间的加权平均浓度。

6. 47

粉尘真密度　dust really density

不包括粉尘之间空隙的单位体积粉尘的质量。

6. 48

粉尘堆积密度　dust accumulational density

粉尘呈自然堆积状态时，单位容积粉尘的质量。

6. 49

粉尘比表面积　specific surface area of a dust

单位质量的粉尘颗粒表面积的总和。

6. 50

中位径　middle size

粒度分布的累计值为 50% 的粒径。

6. 51

空气动力径　air dynamic size

在静止空气中粉尘颗粒的沉降速度与密度为 1 g/cm^3 的圆球的沉降速度相同时的圆球直径。

6. 52

斯托克斯径　stocks size

在层流区内（雷诺数<0.2）的空气动力径。

6. 53

除尘效率　collecting efficincy

采取除尘措施前、后粉尘浓度的百分比。

6. 54

分级除尘效率　grade collecting efficincy

不同粒径粉尘的除尘效率。

6. 55

防尘效果　dust prevention effect

表示防尘措施降低粉尘浓度的程度。

7 矿井火灾

7.1

矿井火灾 mine fire; coal mine fire; underground coal mine fire

发生在矿井内的火灾或发生在井口而威胁到井下安全的火灾。

7.2

外因火灾 exogenous fire; external fire

由外部火源(如明火电、爆破、电流短路、摩擦等)引起的火灾。

7.3

内因火灾 spontaneous combustion; spontaneous fire

由于煤炭或其他易燃物质自身氧化蓄热,发生燃烧而引起的火灾。

7.4

煤的自燃倾向性 coal spontaneous combustion tendency

煤在常温下氧化能力的内在属性。

7.5

自然发火煤层 coal seam prone spontanepus combustion; coal seam liable to spontaneous ignition

矿井中曾发生过内因火灾或有可能自燃的煤层。

7.6

自然发火期 spontaneous combustion period

在一定条件下,煤从接触空气到自燃所经过的时间。

7.7

火灾气体 fire gas

发生火灾时所产生的气体与空气的混合物。

7.8

火区 sealed fire area; fire district

井下发生火灾后被封闭的区域。

7.9

火风压 fire-heating pressure; flow pressure by heated air

井下发生火灾时,由于高温烟流流经有标高差的井巷所产生的附加风压。

7.10

均压防灭火　air pressure balance for fire control; pressure balance for air control

降低采空区和采区进回风两侧的风压差,减少漏风,达到预防和熄灭火灾的措施。

7.11

防火门　fire-proof door; fire door; mine fire door

防止井下火灾蔓延和控制风流的安全设施。

7.12

防火墙　fire dam; fire wall; fire stopping; firebreak; sealing

为封闭火区而砌筑的隔墙。

7.13

阻化剂　retarder

阻止煤炭氧化自燃的化学药剂。

7.14

泥浆　sludge

将土和其他代用材料与水适量配合制成的浆状物,用于井下防灭火。

7.15

灌浆　grouting

用输浆设备将泥浆送到防火或灭火地点的作业。

7.16

洒浆　spraying; mortar spraying

通过管道向采空区喷洒泥浆的作业。

7.17

直接灭火　direct extinguishing

在人员可以直接接近火源用水、砂子、灭火器等器材灭火或直接挖除火源的作业。

7.18

间接灭火　indirect extinguishing

在不能直接灭火时,把通往火区的所有巷道砌筑防火墙,封闭火区,使火渐渐熄灭的作业。

7.19

综合防灭火 **complex prevention and extinguishing**

向采空区采取均压、灌注泥浆、惰性气体隔绝火区等多种防灭火措施,抑制煤炭自燃和加快灭火速度的作业。

7.20

调压室 **pressure balance chamber; pressure chamber**

在防火墙外再作一防火墙,调节两个防火墙间的空气压力以平衡火区内外的气压差,减少漏风的设施。

7.21

惰气防灭火 **prevention and extinction of mine fire by inert gas**

利用不燃烧、不助燃的气体,抑制矿井可燃物氧化、燃烧以及扑灭矿井火灾的技术。

7.22

惰泡 **inert foam**

用惰气发泡的一种泡沫,具有阻爆功能。

7.23

凝胶防灭火 **prevention and extinction of mine fire by inert gel**

采用硅酸溶液和促凝剂反应生成的胶体,充满冒落空间和漏风通道,达到防灭火效果的技术。

7.24

凝胶 **gel**

硅酸溶液和促凝剂反应生成的胶体。

7.25

阻燃材料 **fire-resistant material**

难燃材料 **fire-retardant material**

遇火点燃时,燃烧速度很慢,离开火源后即自行熄灭的材料。

7.26

自然发火标志气体 **mark gas of spontaneous combustion**

煤炭自然发火过程中，能表征不同煤种自燃各个发展阶段特征的气体。

[AQ/T 1019—2006 术语和定义 3.4]。

7.27

临界氧浓度　critical oxygen concentration

采空区空气中使煤炭不能发生自燃的最高氧气浓度。

7.28

自然发火三带　three zones for coal spontaneous combustion

采煤工作面由切顶线向采空区方向形成的散热带（冷却带）、氧化带和窒息带。

8　矿山救护

8.1

矿山救护队　mine rescue party; mine rescue crew; mine rescue team

矿山发生灾害时，能迅速赶赴现场抢救人员和处理灾害的专业救护组织。

8.2

辅助救护队　auxiliary rescue crew; auxiliary rescue team

由生产人员组成，平时参加生产，井下出现灾害时，配合矿山救护队进行救灾工作的组织。

8.3

呼吸器　respirator

救护人员在有毒气体环境中工作时佩戴的供氧呼吸保护器具。

8.4

苏生器　resuscitator

对中毒或窒息的伤员自动进行人工呼吸或输氧的急救器具。

8.5

自救器　self-rescuer

发生灾害时，为防止有害气体对人身的侵害，供个人佩带逃生用的呼吸保护器具。

8.6

化学氧自救器　chemical oxygen self-rescuer

隔离式自救器　isolation self-rescuer

隔绝灾区空气,能通过化学反应产生氧气的自救器。

8.7

压缩氧自救器　compressed oxygen self-rescuer

隔绝灾区空气,用氧气瓶供氧的自救器。

8.8

过滤式自救器　(carbon monooxide) filter self-rescuer

能滤除吸入空气中一氧化碳的自救器。

8.9

压缩氧呼吸器　compressed oxygen respirator

隔绝灾区空气,用氧气瓶供氧的呼吸器。

8.10

正压氧呼吸器　positive oxygen respirator

呼吸空间气体压力高于外界大气压力的呼吸器。

8.11

负压氧呼吸器　negative oxygen respirator

呼吸空间气体压力在吸气时低于外界大气压力的呼吸器。

8.12

自救器气密性检验器　air tight tester for self-rescuer

用来检查各类自救器气密性的装置。

8.13

氧气充填泵　oxygen pump

将氧气从大氧气瓶抽出并充入小容积氧气瓶的升压泵。

8.14

避难硐室　refuge pocket; refuge chamber; rescue chanber

当灾害发生、人员无法撤出灾区时,为防止有害气体侵袭而设置的避难场所。

8.15

矿工自救系统　selfrescue system for miners

包括供氧系统、长时间自救器等在内的救援系统。

8.16

空气呼吸器　air respirator

使用压缩空气作为供氧源的呼吸器。

附加说明:

GB/T 15663《煤矿科技术语》分为如下几部分:

——第 1 部分:煤炭地质与勘查;

——第 2 部分:井巷工程;

——第 3 部分:地下开采;

——第 4 部分:露天开采;

——第 5 部分:提升运输;

——第 6 部分:矿山测量;

——第 7 部分:开采沉陷与特殊采煤;

——第 8 部分:煤矿安全;

——第 10 部分:采掘机械;

——第 11 部分:煤矿电气。

本部分为 GB/T 15663 的第 8 部分。

本部分代替 GB/T 15663.8—1995《煤矿科技术语　煤矿安全》。

与 GB/T 15663.8—1995 相比,本部分主要作了如下补充和修改:

——编写格式由表格的形式改为直述形式;

——第 2 章　矿井大气中,增加"有毒气体"术语;对"矿井空气""矿井气候
条件"术语定义进行了修改完善;将"矿井通风""矿井空气调节""风量"
"需风量""掘进工作面风流""进风风流""回风风流"等术语调整到第 3
章　矿井通风中;

——第 3 章　矿井通风中,增加了"压气引射器""专用回风巷""进风巷""回
风巷""矿井通风方式""通风方法""通风设施""旋流风筒"等术语;删除
了"夹风墙"术语;

——第 4 章　仪表中,增加了"气压计""矿用一氧化碳传感器""矿用甲烷传
感器""矿用风速传感器""矿用负压传感器""矿用温度传感器""矿用烟
雾传感器""矿用二氧化碳传感器""煤矿井下作业人员管理系统"等术

语；

——第5章 "煤层气"改为"瓦斯"，并对定义作了相应修改；增加了"瓦斯"
"矿井瓦斯""游离瓦斯""吸附瓦斯""吸附等温线""吸附等压线""矿井
瓦斯涌出量""开采层瓦斯涌出""本煤层瓦斯涌出""邻近层瓦斯涌出"
"采空区瓦斯涌出""矿井瓦斯平衡""瓦斯涌出不均衡系数""瓦斯涌出
量矿山统计法""瓦斯涌出量分源预测法""局部瓦斯积聚""瓦斯预测
图""瓦斯喷出""突出强度""始突深度""控制预裂爆破""煤的坚固性系
数""开采层瓦斯抽放""瓦斯预抽率""钻孔瓦斯流量衰减系数""煤层透
气性""渗透率""达西"等术语；删除了"高瓦斯矿井""低瓦斯矿井"等术
语；

——第6章 粉尘中，增加了"可吸入粉尘""粉尘湿润性""粉尘粘附性""粉
尘荷电性""呼吸性粉尘浓度""接触粉尘浓度""粉尘真密度""粉尘堆积
密度""粉尘比表面积""中位径""面积长度平均径""空气动力径""斯托
克斯径""除尘效率""分级除尘效率""不同粒径粉尘""防尘效果"等术
语；

——第7章 矿井火灾中，增加了"惰泡""凝胶防灭火""凝胶""阻燃材料"
"自然发火标志气体""临界氧浓度""自然发火三带"等术语；删除了"非
常仓库"术语；

——第8章 矿山救护中，增加了"空气呼吸器""正压氧呼吸器""负压氧呼
吸器""矿工自救系统""空气呼吸器"等术语。

——对标准中其他术语定义的一些语句问题进行了修改。

本部分由中国煤炭工业协会提出。

本部分由全国煤炭标准化技术委员会归口。

本部分起草单位：煤炭科学研究总院抚顺分院、煤炭科学研究总院重庆分
院。

本部分主要起草人：张延寿、罗海珠、霍中刚、刘晓波、姜文忠、梁运涛、聂雅
玲、赵旭生、巨广刚。

本部分所代替标准的历次版本发布情况为：

——GB/T 15663.8—1995。

中华人民共和国国家标准

煤矿科技术语　第10部分：采掘机械

Terms relating to coal mining-Part 10: Winning
machinery and developing machinery

GB/T 15663.10—2008

代替 GB/T 15663.10—1995

1 范围

GB/T 15663 的本部分规定了一般术语，采煤机械，掘进机械和液压支架等术语。

本部分适用于与采掘机械和液压支架有关的所有文件、标准、规程、规范、书刊、教材和手册等。

2 一般术语

2.1

采掘机械　winning machinery and developing machinery

采煤机械和掘进机械的总称。

2.2

截割部　cutting unit

截煤部(拒用)

采掘机械截割机构及其传动或驱动装置和附属装置的总称。

2.3

截割机构　cutting machanism

采掘机械上直接实现截割功能的构件组成。

2.4

行走部　travel unit; traction unit

采掘机械行走机构及行走驱动装置的总称，实现采掘机械移动的功能。

2. 5

行走机构 travel mechanism; traction mechanism

牵引机构 haulage mechanism

采掘机械行走部的执行机构。

2. 6

行走驱动装置 travel driving unit

采掘机械行走部的调速装置和传动装置的总称。

2. 7

行走力 tractive force; pull force

牵引力 haulage force; haulage pull

驱动采掘机械行走的力。

2. 8

行走速度 travel speed

牵引速度 haulage speed

采掘机械沿工作面长度方向的移动速度值。

2. 9

液压调速 hydraulic adjustable speed

液压牵引 hydraulic haulage

采用液压技术的调速方式。

2. 10

机械调速 mechanical adjustable speed

机械牵引 mechanical haulage

采用机械技术的调速方式。

2. 11

电气调速 electrical adjustable speed

电气牵引 electrical haulage

采用电气技术的调速方式。如变频调速、开关磁阻调速、电磁调速、直流调速等。

2. 12

截齿 pick; bit

切割刀具（拒用）

刀齿（拒用）

切削刀具（拒用）

采掘机械截割煤和岩石的刀具。

2.13

扁截齿　flat pick

刀形截齿（拒用）

齿头呈扁平状的截齿。

2.14

锥形截齿　conical pick

镐形截齿（拒用）

齿头呈圆锥状的截齿。

2.15

齿座　pick seat

用以安装和固定截齿的座体。

2.16

截齿配置　lacing pattern; pick lacing; pick arrangement

采掘机械截割机构上截齿的选配和布置。

2.17

截线　line of cut

截齿齿尖的运动轨迹。

2.18

切槽　cutting groove

截齿工作时在煤体或岩体上形成的槽。

2.19

截割速度　cutting speed

截齿齿尖运动的线速度值。

2.20

截割高度　cutting height

截高

采高（拒用）

采掘机械截割机构工作时在机器（采煤机为配套输送机）底面以上形成的空间高度。

2.21

下切深度　dinting depth；undercut depth

卧底深度（拒用）

采掘机械截割机构下切至机器底面（采煤机至配套刮板输送机底面）以下的深度。

2.22

切削深度　cutting depth

切屑厚度

截齿工作时，每次切入煤体或岩体内的深度。

2.23

截深　web；web depth；cut depth

采掘机械截割机构切入煤体或岩体的设计深度。

2.24

截齿损耗率　consumption rate of picks

截割单位质量（单位实体体积）煤岩损耗截齿的数量。

2.25

截割比能耗　specific energy of cutting

截割单位体积煤或岩石所消耗的能量。

2.26

上漂　climbing

采掘机械向上偏离正常工作面底板或底面的现象。

2.27

下扎　dipping

采掘机械向下切入工作面底板或底面的现象。

2.28

进刀　feeding

采掘机械向垂直于煤壁或岩壁的方向推进，进入下一截深截割的作业，如推入进刀、正切进刀和斜切进刀等。

2.29

喷雾系统　**water-spraying system**

喷水除尘系统（拒用）

将压力水雾化，喷到采掘工作面以降低机械截割、装载煤（岩）时所产生粉尘的系统。

2.30

外喷雾　**outer-water-spraying; external spraying**

喷嘴设于截割机构外部的喷雾方式。

2.31

内喷雾　**inner-water-spraying; internal spraying**

喷嘴设于截割机构内部的喷雾方式。

3　采煤机械术语

3.1

采煤机械　**coal winning machinery; coal getting machinery**

用于采煤工作面，具有截煤（破煤）和装煤等全部或部分功能的机械。

3.2

采煤联动机　**coal winning aggregate**

采煤工作面中协调地完成采煤、运煤、支护等工艺，运动上相互关联，而在结构上又组成一体的采煤设备。

3.3

风镐　**air pick; pneumatic pick**

用压缩空气驱动的、冲击破落煤及其他矿体或物体的手持机具。

3.4

煤电钻　**electric coal drill**

电煤钻（拒用）

用于煤体钻孔的电动机具。

3.5

截煤机　**coal cutter**

用于煤层内掏槽的采煤机械。

3.6

机面高度　machine height

自采煤工作面底板至采煤机机身上表面的高度。

3.7

过煤面积　underneath clearance; passage height under machine

采煤机与配套输送机中部槽间的过煤断面面积。

3.8

调高　vertical steering

采煤机截割高度的调整。

3.9

调斜　roll steering

采煤机横向倾斜角度的调整。

3.10

［滚筒］采煤机　shearer; shearer loader

以截割滚筒为截割机构的采煤机械。

3.11

爬底板采煤机　floor-based shearer; floorbased in-web shearer

额面式采煤机(拒用)

机身偏置于采煤工作面输送机煤壁侧,沿底板工作的滚筒采煤机。

3.12

骑槽式采煤机　conveyor-mounted shearer

骑溜式采煤机(拒用)

机身骑于采煤工作面输送机中部槽上方工作的滚筒采煤机。

3.13

钻削式采煤机　trepanner; trepan shearer

却盘纳采煤机(拒用)

以钻削头为主要截割机构的采煤机械。

3.14

钻削头　trepanning wheel

截冠(拒用)

端部装截齿以钻削方式工作的环形截割机构。

3.15

钻孔采煤机　coal auger; auger machine; auger miner

以大直径螺旋钻头为截割机构的采煤机械。

3.16

连续采煤机　continuous miner

掘采机

用正面切削式截割机构采煤或掘进的机械。

3.17

内牵引　integral haulage

行走驱动力源于采煤机身内的牵引方式。

3.18

外牵引　independent haulage

行走驱动力源于采煤机身外的牵引方式。

3.19

链牵引　chain haulage

用两端通过张紧装置固定于刮板输送机机头架和机尾架、中部悬置的圆环链使采煤机行走的方式。

3.20

无链牵引　chainless haulage

不用链牵引而采用其他行走机构的采煤机行走方式。如销轨啮合式行走、油缸迈步式行走、履带式行走等。

3.21

截割滚筒　cutting drum

装有截齿或其他破煤工具的圆筒形截割机构。

3.22

[螺旋]滚筒　helical vane drum; drum; helical drum; screw drum

采煤滚筒(拒用)

具有螺旋形装载叶片的截割滚筒。

3.23

摇臂 ranging arm

安装并传动或驱动截割滚筒,靠上、下摆动调整截割滚筒位置高低的部件。

3.24

挡煤板 cowl

配合截割滚筒装煤的弧形板。

3.25

拖缆装置 cable handler; cable carrier

电缆夹(拒用)

电缆拖移装置(拒用)

采煤机械上用于拖曳电缆和水管的装置。

3.26

刨煤机 plough; coal plough; plow; coal planer

以刨削方式破煤,并具有装煤和运煤功能的采煤机械。

3.27

静力刨[煤机] static plough

刨头借助于刨链的拉力工作的刨煤机。

3.28

动力刨[煤机] dynamic plough; activated plough

冲击式刨煤机(拒用)

刨头借助于振动装置的冲击力和刨链的拉力工作的刨煤机。

3.29

刮斗刨[煤机] scraper plough

以刮斗刨煤和运煤的刨煤机。

3.30

拖钩刨[煤机] drag-hook plough

刨链通过拖板拖动刨头工作的刨煤机。

3.31

滑行刨[煤机] sliding plough

刨头以滑架为导轨,刨链在滑架内拖动刨头工作的刨煤机。

3. 32

滑行拖钩刨［煤机］　**sliding drag-hook plough**

刨头以滑架为导轨，刨链通过拖板拖动刨头工作的刨煤机。

3. 33

刨削深度　**ploughing depth**

刨刀工作时切入煤壁内的深度。

3. 34

刨削阻力　**ploughing resistance**

刨刀工作时煤体对刨刀的抗力。

3. 35

刨削速度　**ploughing speed**

刨刀工作时的线速度值。

3. 36

高速刨煤　**rapid ploughing; high-speed ploughing**

刨链速度高于输送机刮板链速度的刨煤方式。

3. 37

低速刨煤　**slow-speed ploughing**

刨链速度低于输送机刮板链速度的刨煤方式。

3. 38

双速刨煤　**dual-speed ploughing**

刨头上行和下行采用不同刨削速度的刨煤方式。

3. 39

刨头　**plough head**

煤刨（拒用）

由刨体、刀架、刨刀等组成的刨煤机构。

3. 40

拖板　**articulated bottom plate; base plate**

掌板（拒用）

位于输送机中部槽下面，连接刨头和刨链的板状部件。

3.41

滑架　sliding guide；plough guide

供刨头滑行的导向架。

3.42

定压控制　constant pressure control；fixed-pressure control

推进缸以恒定的压力将刨煤机推向煤壁的控制方式。

3.43

定距控制　constant distance control；fixed-distance control

推进缸以恒定的步距将刨煤机推向煤壁的控制方式。

4　掘进机械术语

4.1

掘进机械　developing machinery；road heading machinery；tunneling machinery

用于掘进工作面,具有钻孔、破落煤岩和装载等全部或部分功能的机械。

4.2

[巷道]掘进机　roadheader；heading machine；roadway ripping machine

用于巷道掘进的机械设备,具有破落、装、转运等功能。

4.3

全断面掘进机　full-section tunneling machine；full-face tunneling machine

隧道掘进机(拒用)

工作机构旋转并连续推进,破落巷道整个断面的掘进机。

4.4

部分断面掘进机　selective roadheader；partial-size tunneling machine

工作机构通过摆动,顺序破落巷道部分断面的岩石或煤,最终完成全断面切割的巷道掘进机。

4.5

悬臂式掘进机　boom-type roadheader；boom roadheader；boom miner

用悬臂来承载截割机构的掘进机。

4.6

横轴式掘进机　transverse cutting-type roadheader

截割头旋转轴线垂直于悬臂轴线的悬臂式掘进机。

4.7

纵轴式掘进机　longitudinal cutting-type roadheader

截割头旋转轴线平行于悬臂轴线的悬臂式掘进机。

4.8

掘锚机[组]　bolter-miner

具有掘进和锚杆钻孔安装功能的机械设备。

4.9

掘进转载机　transship conveyor for developing

适用于掘进机械与后配套运输设备之间的转载设备。

4.10

掘进工作面除尘设备　special dust-collector for developing

适用于掘进工作面，与压入式通风配套使用的除尘设备。

4.11

截割头　cutting head；cutter-head

切割头

破碎头(拒用)

掘进机上直接截割、破碎煤和岩石的构件。

4.12

回转台　turret

实现截割部水平摆动的支承装置。

4.13

托梁装置　bearing bai unit

托起支护顶梁的装置。

4.14

龙门高　gantry height

中间输送机中板上表面与龙门机架之间的最小垂直高度。

4.15

装运部 **load-conveying unit**

装载和中间输送机的总称,具有将掘进机械破落下的物料收集、装载并输送到后配套输送设备的功能。

4.16

装载机构 **loading mechanism**

将掘进机截割下的物料收集、装载到输送机上的机构。

4.17

拨盘 **spinner disc**

星轮 **loader star**

利用旋转的拨盘(星轮),将截割下的物料装载到输送机上的构件。

4.18

悬臂 **boom; gib arm**

安装和驱动截割头,并能上下左右摆动的臂状部件。

4.19

铲板 **apron**

铲装板

以铲入方式集装松散煤或岩石的箕状构件。

4.20

附着力 **track adhesion**

履带与工作面底板(地面)支承面之间无相对位移时行走力的极限值。

4.21

可爬行坡度 **passable gradient; climbable gradient**

适应掘进机工作的巷道坡度范围。

4.22

最小转弯半径 **minimum turn radius**

掘进机在适应最大宽度巷道中转弯时,可通过巷道中心线最小半径。

4.23

离地间隙 **ground clearance**

地隙

机架最低部位距巷道底板或机器支撑面的距离。

4.24

装载机械　loader

将散料装至接续设备上的机械。

4.25

装岩机　rock loader; muck loader

装载松散岩石的装载机械。

4.26

装煤机　coal loader

装载煤炭的装载机械。

4.27

扒爪装载机　gathering-arm loader; collecting-arm type loader

集爪装载机（拒用）

蟹爪装载机（拒用）

用扒爪作为工作机构的装载机械。

4.28

扒爪　gathering-arm; collecting-arm

蟹爪（拒用）

沿封闭曲线运动，扒集松散煤或岩石进行装载的爪状装载机构。

4.29

铲斗装载机　bucket loader

铲式装载机（拒用）

翻斗装载机（拒用）

用铲斗作为工作机构的装载机械。

4.30

铲斗　bucket

以向前推进方式铲取松散煤或岩石进行装载的斗状构件。

4.31

铲入力　bucket thrust force; thrust force

使铲斗插入待装散料堆的水平推力。

4.32

耙斗装载机 **scraper loader**

耙矸机(禁用)

用耙斗作为工作机构的装载机械。

4.33

耙斗 **scraper bucket; scraper**

用矿用绞车牵引作往复运动,直接扒取松散岩石或煤的斗状构件。

4.34

侧卸式装载机 **side discharge loader**

具有侧面卸载功能的装载机械。

4.35

抓岩机 **grab; loading grab**

立井掘进中抓取岩石装入吊桶的装载机械。

4.36

抓斗 **grab**

以开合方式抓取岩石的弧形构件,是抓岩机的装载机构。

4.37

钻头 **bit; bore bit**

安装在钻杆前端,回转破碎煤或岩石的刀具。

4.38

钎头 **stem bit; bore bit**

安装在钎杆前端,冲击回转钻凿岩孔的刀具。

4.39

一字钎头 **chisel bit**

钎刃成"一"字形的钎头。

4.40

十字钎头 **cruciform bit; cross bit**

钎刃成"十"字形的钎头。

4.41

活钎头 **interchangeable bit; detachable bit**

可以从钎杆上拆下的钎头。

4.42

钻杆　drill rod

向钻头传递动力，随同钻头进入煤体或岩体内钻孔的杆状或管状构件。

4.43

钎杆　stem

向钎头传递动力，随同钎头进入岩体内钻孔的杆状或管状构件。

4.44

钎尾　shank; bit shank; drill shank; drill steel shank

钎杆的尾端。

4.45

凿岩机　hammer drill; percussive rock drill

以冲击回转方式在岩体上钻孔的机具，包括气动凿岩机、液压凿岩机和电动凿岩机等。

4.46

气腿　airleg

用气缸支承和推进凿岩机的装置。

4.47

凿岩台车　jumbo; drill jumbo; drilling jumbo; drill carriage
钻车

支承、推进和移动一台或多台凿岩机并具有自移功能的车辆。

4.48

推进器　feed; drill feed; feeder

在凿岩台车、锚杆钻车上沿导轨推进凿岩机、锚杆钻机的装置。

4.49

岩石电钻　electric rock drill

用于岩体钻孔的电动机具。

4.50

钻孔机械　drilling machine; boring machine
钻机

矿山钻孔作业用的机械。

4.51

潜孔钻机 **down-hole percussive drill; down-hole drill; down-hole drilling machine**

把钻头和潜孔冲击器一起放入孔内的钻孔机械。

4.52

潜孔冲击器 **down hole hammer; down-hole hammer**

和钻头一起潜入孔内产生冲击作用的装置。

4.53

探钻装置 **probe drilling system**

用于巷道掘进工程中钻探勘查水、煤层气等情况的装置。

4.54

锚杆钻机 **roofbolter**

锚杆打眼安装机(拒用)

具有钻孔并安装锚杆功能的钻机。

4.55

锚杆钻车 **jumbolter; bolter jumbo**

支承、推进一台或多台锚杆钻机并具有自移功能的车辆。

4.56

牙轮钻机 **rotary drilling machine; rotary drilling rig**

采用牙轮钻头进行破碎岩石的钻孔机械。

4.57

牙轮钻头 **rolling cutter bit; roller cone bit; cone rock bit**

牙轮刀具绕钻杆轴线公转和绕自身轴线自转的钻头。

4.58

钻巷机 **drift boring machine**

穿孔机

用钻销方式钻进通道的钻孔机械。

4.59

钻井机 **shaft boring machine; shafe borer**

立井钻机

从地面用大直径钻头钻出立井井筒的机器。

4.60

反井钻机　raise boring machine；raise-drilling machine

天井钻机

钻出导孔后，再自下而上扩孔钻凿立井或斜井的钻孔机械。

4.61

钻装机　drill loader；jumbo loader

能完成钻孔和装载作业的机械。

4.62

伞形钻机　drill cyclics

具有可收放伞形工作臂，实现多台凿岩机同时凿岩的钻机。

5　液压支架术语

5.1

液压支架　hydraulic support；powered support

支架　support

机械化支架(拒用)

自移支架(拒用)

动力支架(拒用)

以液压为动力实现升降和自推移等动作，进行顶板支护的设备。

5.2

支撑式支架　chock/frame type support

有顶梁而没有掩护梁的液压支架。

5.3

垛式支架　chock-type powered support；chock support；chock

具有带复位装置的箱式底座，整体移动的支撑式支架。

5.4

节式支架　frame-type support；frame support

由两个以上机械连接的架节组成，各相邻架节互为支点依次移动的支撑式支架。

5.5

架节 support unit; support section

相对独立且彼此结构相似的节式支架的组成单元。

5.6

迈步式支架 walking support

移架时,后、前立柱交互提、伸行走的节式液压支架。

5.7

掩护式支架 shield-type powered support; shield support; shield

具有顶梁和掩护梁,有一排立柱的液压支架。

5.8

支撑掩护式支架 chock-shield-type support;chock-shield support

具有顶梁和掩护梁,有两排立柱的液压支架。

5.9

锚固支架 anchor support

起锚固作用的液压支架。

5.10

放顶煤支架 caving mining support

用于放顶煤工作面具有放煤功能的液压支架。

5.11

铺网支架 meshlying support

具有铺网装置和功能的液压支架。

5.12

履带行走式支架 pedrail powered support

带有履带行走装置的液压支架。

5.13

支架最大高度 maximum support height

最大高度

最大伸出高度(拒用)

立柱处于完全伸出、顶梁处于水平状态下的支架高度。

5.14

支架最小高度　minimum support height

最小高度

最小收缩高度(拒用)

立柱处于完全收缩、顶梁处于水平状态下的支架高度。

5.15

最大工作高度　maximum working height

最大支撑高度(拒用)

液压支架允许使用的最大高度。

5.16

最小工作高度　minimum working height

最小支撑高度(拒用)

液压支架允许使用的最小高度。

5.17

支架伸缩比　extension ratio of support

伸缩系数

液压支架最大高度与最小高度的比值。

5.18

本架控制　local control

操作者在液压支架内操纵本支架的控制方式。

5.19

邻架控制　adjacent control

操作者在液压支架内操纵相邻支架的控制方式。

5.20

顺序控制　sequential control

沿工作面按一定顺序移动液压支架的控制方式。

5.21

成组控制　batch control; bank control

沿工作面以若干架为一组顺序移动支架的控制方式。

5.22

电液控制   electrohydraulic control

用电液系统控制液压支架的技术。

5.23

立柱   leg

在液压支架底座与顶梁或掩护梁之间提供支撑力的液压缸。

5.24

顶梁   canopy

在立柱上方,与顶板接触,支撑顶板的构件。

5.25

掩护梁   debris shield; caving shield; gob shield; waste shield

连接顶梁和底座,承受支架水平力和垮落顶板岩石压力,防止岩石进入支架内的构件。

5.26

前梁   fore-pole

正悬梁(拒用)

铰接在顶梁前方以支护无立柱空间顶板的构件。

5.27

伸缩梁   extensible canopy

伸缩前梁

可以向前滑动伸出,临时支护工作面新暴露顶板的构件。

5.28

护帮板   face guard; sheet guard; guard board

在液压支架前方顶住煤壁,以防止片帮的板状构件。

5.29

底座   base

液压支架接触底板的承载构件。

5.30

四连杆机构   lemniscate linkage; four bar linkage

掩护梁与底座之间用前、后连杆连接形成的四连杆机构。支架升降时,顶梁上各点沿双纽线移动，使端面距变化较小。

5.31

防滑装置   non-skid device; antiskid device

防止液压支架移动时下滑的装置。

5.32

防倒装置   tilting prevention

防止液压支架倾倒的装置。

5.33

推移千斤顶   advancing ram

推拉液压支架和输送机的千斤顶。

5.34

乳化液泵站   emulsion power pack; emulsion pump station

向工作面设备提供带压乳化液的设备。

附加说明：

GB/T 15663《煤矿科技术语》分为如下几部分：

——第 1 部分：煤炭地质与勘查；

——第 2 部分：井巷工程；

——第 3 部分：地下开采；

——第 4 部分：露天开采；

——第 5 部分：提升运输；

——第 6 部分：矿山测量；

——第 7 部分：开采沉陷与特殊采煤；

——第 8 部分：煤矿安全；

——第 10 部分：采掘机械；

——第 11 部分：煤矿电气。

本部分为 GB/T 15663 的第 10 部分。

本部分代替 GB/T 15663.10—1995《煤矿科技术语   采掘机械》。

本部分与 GB/T 15663.10—1995 相比主要变化如下：

——修改了部分术语的名称（1995 年版的 3.31、3.32、3.28、3.29、3.30、

3.36、4.7、5.14、5.15、5.28、5.32 和 5.35;本版的 2.7、2.8、2.9、2.10、2.11、3.24、4.19、5.13、5.14、5.26、5.30 和 5.33);

——修改了部分术语的英语对应词(1995 年版的 2.1,3.4、3.12、4.1 和 4.4;本版的 2.1、3.2、3.6、4.1 和 4.4);

——修改了部分术语的定义(1995 年版的 2.7、2.9、2.22、2.24、2.26、2.27、3.19、3.26、3.27、3.33、3.61、3.37、4.2、4.4、4.5、4.8、4.10、4.18、4.33、4.40、5.6、5.22、5.23、5.24 和 5.25;本版的 4.11、2.13、2.21、2.23、2.26、2.27、3.12、3.19、3.20、3.21、3.25、3.26、4.2、4.4、4.5、4.21、4.23、4.31、4.47、4.54、5.6、5.20、5.21、5.22 和 5.23);

——修改了术语名称的定义(1995 年版的 3.13;本版的 3.7);

——新增了部分术语(本版的 2.3、2.24、4.6、4.7、4.8、4.9、4.10、4.12、4.13、4.14、4.15、4.16、4.17、4.20、4.36、4.55、4.62 和 5.12);

——删除了部分术语(1995 年版的 2.2、2.11、2.12、2.15、2.16、2.18、3.2、3.3、3.7、3.8、3.10、3.11、3.16、3.51、3.52、3.55、3.56、3.57、3.60、5.9、5.12 和 5.19)。

本部分由中国煤炭工业协会提出。

本部分由全国煤炭标准化技术委员会归口。

本部分起草单位:煤炭科学研究总院上海分院、煤炭科学研究总院太原研究院、煤炭科学研究总院建井研究分院、煤炭科学研究总院开采设计研究分院、凯盛重工有限公司。

本部分主要起草人:高志明、刘建平、汪崇建、黄亮高、王国法、陶峥、齐庆新、马健康、汪昌龄。

本部分所代替标准的历次版本发布情况为:

——GB/T 15663.10—1995。

中华人民共和国国家标准

煤矿科技术语　第 11 部分：煤矿电气

GB/T 15663.11—2008

代替 GB/T 15663.11—1995

Terms relating to coal mining-Part 11: Coal mining
electrical engineering

1　范围

GB/T 15663 的本部分规定了煤矿供电、煤矿用电气设备、煤矿主要电耗指标、煤矿监测与控制、煤矿通信、煤矿信息化等术语。

本部分适用于与煤矿电气有关的所有文件、标准、规程、规范、书刊、教材和手册。

2　煤矿供电

2.1

矿区供电系统　mining area power supply system

由各种电压的电力线路将矿区的变电所和电力用户联系起来的输电、变电、配电和用电的整体。

2.2

矿井供电系统　mine power supply system

由各种电压的电力线路将矿井的变电所和电力用户联系起来的输电、变电、配电和用电的整体。

2.3

地下供电系统　underground power supply system
井下供电系统

进入矿井地下的供电电缆、供电设备及其所组成的输电、变电、配电和用电的整体。

2.4

地下工作面供电系统 underground face power supply system

井下工作面供电系统

进入矿井地下工作面及其附近巷道的供电电缆、供电设备及其所组成的输电、变电、配电和用电的整体。

2.5

矿区变电所 mining area main substation

矿山区域变电所(拒用)

向几个矿井、露天矿及其他用电单位供电的变电所。

2.6

矿井地面变电所 surface main substation

矿井地面主变电所

设在地面,向全矿供电的变、配电中心。

2.7

中性点有效接地系统 system with effectively earthed neutral

大接地电流系统

中性点直接接地或经一低值阻抗接地的系统。通常其零序电抗与正序电抗的比值小于或等于3;零序电阻与正序电抗的比值小于或等于1。

2.8

中性点非有效接地系统 system with non-effectively earthed neutral

小接地电流系统

中性点不接地,或经高值阻抗接地或谐振接地的系统。通常其系统的零序电抗与正序电抗的比值大于3;零序电阻与正序电抗的比值大于1。

2.9

中性点直接接地配电系统 distribution system with directly earthed neutral

在故障条件下,为了使变压器中性点尽可能不偏移以及其他要求,变压器中性点直接接地的配电系统。

2.10

中性点经电抗接地配电系统 distribution system with earthed neutral through a reactor

为了减少电力网单相接地时的电容电流（稳态值），在变压器中性点与地之间连接电抗线圈的配电系统。

2. 11

中性点经电阻接地配电系统　distribution system with earthed neutral through a resistor

为了提高漏电保护装置选择性和降低电弧接地过电压值等目的，变压器中性点经电阻接地的配电系统。

2. 12

中性点绝缘配电系统　distribution system with insulated neutral

变压器中性点与地绝缘的配电系统。当发生单相接地时，通过故障点的电流主要是电容性电流。

2. 13

变电亭　small surface substation

小型、简易的地面变电所。

2. 14

井下主变电所　underground main substation; pit-bottom main substation; shaft-bottom main substation

井下中央变电所

设置在矿井井底车场或主要开采水平的变、配电中心。

2. 15

井下区域变电所　district substation; mine block substation

井下几个采掘区的变、配电中心。

2. 16

采区变电所　working section substation

采区的变、配电中心。

2. 17

工作面配电点　face power distribution point

工作面及其附近巷道的配电中心。

2. 18

矿用隔爆型移动变电站　flameproof mining mobile transformer substation

由变压器及高、低压开关等组成的,可随工作面移动的隔爆型电气设备的整体。

2.19

总接地网　**general earthed system**

用导体将所有应连接的接地装置连成的一个接地系统。

2.20

井下主接地极　**underground main earthed electrode**

埋设在矿井井底主、副水仓或集水井内的金属板接地极。

2.21

局部接地极　**local earthed electrode**

在集中或单个装有电气设备(包括连接动力铠装电缆的接线盒)的地点单独埋设的接地极。

2.22

接地装置　**earthing device**

各接地极和接地导线、接地引线的总称。

2.23

接地母线　**earthed busbar; ground strap; ground bus**

与主接地极连接,供井下主变电所、主水泵房等所用电气设备外壳进行连接的母线。

2.24

辅助接地母线　**auxiliary earthed busbar**

与局部接地极、电缆的接地部分连接,供井下区域、采区变电所,机电硐室和配电点内的电气设备外壳进行连接的母线。

2.25

接地导线　**earthing conductor; earth conductor; grounding conductor**

主接地极与接地母线之间、局部接地极与辅助接地母线之间连接的导线。

2.26

接地引线　**ground lead**

电气设备的金属外壳、铠装电缆的铠装金属与接地母线或辅助接地母线连接的导线。

2.27

保护接地   protective earthing

将电气设备正常不带电的外露金属部分用导体与总接地网或与接地装置连接起来。

2.28

总接地网接地电阻   earthing resistance of general earthed system

总接地网上任意点的对地电阻。

2.29

接触电压   touch voltage; touch potential

绝缘损坏时,同时可触及部分之间出现的电压。

2.30

跨步电压   step voltage

人站立在有电流流过的大地上,存在于两足之间的电压。

2.31

安全特低电压   safety extra-low voltage (SELV)
安全电压

为防止触电事故而采用的特定电源供电的电压系列。采用该电压系列的电路中,导体之间或任何一个导体与地之间电压均不超过交流(50~500 Hz)有效值 50 V。

2.32

间接接触   indirect contact

人或动物与在故障情况下变为带电的外露导电部分的接触。

2.33

触电电流   shock current

通过人体或动物体,可能引起病理、生理效应的电流。

2.34

安全电流   safety current

流经人体致命器官而又不致人于死命的最大电流值。

2.35

泄漏电流   leakage current

在没有故障的情况下，流入大地或电路外部导电部分的电流。

2.36

单相接地电容电流 unbalanced earth fault capacitance current

在中性点绝缘的电网中，当发生单相接地时，由于电网各相对地电容的存在，流入故障点的电容性电流。

2.37

杂散电流 stray current

任何不按指定通路而流动的电流。

2.38

安全距离 safe distance

为了防止人体、车辆或其他物体触及、碰撞或接近带电体造成危险，在两者之间所需保持的一定空间距离。

2.39

静电事故 electrostatic accident

因静电放电或静电力的作用而发生危险或损害的事故。

2.40

静电灾害 electrostatic hazard

因静电放电而导致的比较大或人力无法抵御的灾害，如火灾、爆炸、人体静电电击和二次事故等。

3 煤矿用电气设备

3.1

矿用一般型电气设备 mining electrical apparatus for non-explosive atmospheres

KY

用于煤矿井下无瓦斯和煤尘等爆炸危险场所的电气设备。

3.2

防爆电气设备 explosion-proof electrical apparatus

按规定标准设计制造不会引起周围爆炸性混合物爆炸的电气设备。

3.3

隔爆型电气设备　flameproof electrical apparatus

d[IEC]

具有隔爆外壳的防爆电气设备。

3.4

隔爆外壳　flameproof enclosure

能够承受通过外壳任何接合面或结构间隙渗透到外壳内部的可燃性混合物在内部爆炸而不损坏，并且不会引起外部由一种、多种气体或蒸汽形成的爆炸性环境的点燃的外壳。

3.5

容积　volume

外壳的内部总容积。若外壳和内装部件在使用中不可分开时，其容积是指净容积。

3.6

隔爆接合面　flameproof joint

隔爆外壳不同部件相对应的表面配合在一起（或外壳连接处），且火焰或燃烧生成物可能会由此从外壳内部传到外壳外部的部位。

3.7

火焰通路长度　length of flame path（width of joint）

接合面宽度

从隔爆外壳内部通过隔爆接合面到隔爆外壳外部的最短通路长度。

注：该定义不适用于螺纹接合面。

3.8

隔爆接合面粗糙度　surface roughness of flameproof joint

隔爆外壳接合面加工时，要求加工表面的粗糙程度。

3.9

隔爆接合面间隙　gap of flameproof joint

隔爆接合面相对应表面之间的距离。对于圆筒形表面，该间隙是直径间隙（两直径之差）。

3.10

最大试验安全间隙 maximum experimental safe gap（MESG）

在标准规定的试验条件下，隔爆外壳内所有浓度的被试验气体或蒸汽与空气的混合物点燃后，通过 25 mm 宽的接合面均不能点燃壳外爆炸性气体混合物的隔爆接合面的最大间隙。

3.11

最大许可间隙 maximum permitted gap

根据隔爆型电气设备的类别、级别、隔爆外壳的容积和隔爆接合面宽度而规定的间隙最大值。

3.12

平滑压力 smoothed pressure

由隔爆型电气设备进行爆炸试验时记录的压力曲线削去寄生波纹后所画出的曲线图形而得到的压力。

3.13

参考压力 reference pressure

通过试验得出的高于大气压力的最大平滑压力的最高值。

3.14

外壳耐压试验 pressure test

检验隔爆型电气设备外壳能否有效地承受内部爆炸压力的试验。

3.15

静压试验 static test of pressure test; static test

通过缓慢施加气体或液体压力而进行的外壳耐压试验。

3.16

动压试验 dynamic test of pressure test; dynamic test

通过向外壳内充以爆炸性混合物并点燃引爆而进行的外壳耐压试验。

3.17

内部点燃的不传爆试验 test for non-transmission; test non-transmission of internal explosion

检验隔爆型电气设备内部规定的爆炸性气体混合物爆炸能否点燃设备周围同一爆炸性气体混合物的试验。

3.18

增安型电气设备　increased safety electrical apparatus

e[IEC]

在正常运行条件下不会产生电弧或火花,并且进一步采取措施,提高了安全程度,以防止产生危险温度、电弧和火花的可能性的防爆电气设备。

3.19

额定短时发热电流　rated short-time thermal current

I_{th}[IEC]

在最高环境温度下,1 s内使导体从额定运行时的稳定温度上升至极限温度的电流有效值。

3.20

额定动态电流　rated dynamic current

I_{dyn}[IEC]

电气设备所能承受其电动力作用而不损坏的电流峰值。

3.21

t_E **时间　time** t_E

t_E[IEC]

交流绕组在最高环境温度下达到额定运行稳定温度后,从开始通过最初起动电流 I_A 时计起直至上升到极限温度所需的时间。

3.22

本质安全电路　intrinsically safe circuit

本安电路

i[IEC]

在规定条件(包括正常工作和规定的故障条件)下产生的任何电火花或任何热效应均不能点燃规定的爆炸性气体环境的电路。

3.23

本质安全设备　intrinsically safe apparatus

本安设备

在其内部的所有电路都是本质安全电路的电气设备。

3.24

关联设备 **associated apparatus**

装有本质安全电路和非本质安全电路,且结构使非本质安全电路不能对本质安全电路产生不利影响的电气设备。

注:关联设备可以是下列两者中的任何一个:

a)使用在相适应的爆炸性气体环境中并且有 GB 3836.1 规定的另一个防爆型式的电气设备;

b)非防爆型式,不能在爆炸性气体环境中使用的电气设备,例如记录仪,它本身不在爆炸性气体环境中,但是它与处在爆炸性气体环境中的热电偶连接,这时只有记录仪的输入电路是本质安全的。

3.25

本质安全设备或关联设备的等级 **category of intrinsically safe or associated apparatus**

由故障点个数或相关的安全因素确定的本质安全型电气设备或关联电气设备的安全水平,分为"i_a"或"i_b"。

3.26

本质安全连接装置 **intrinsically safe interface**

本安连接电路

接在非本质安全电路与本质安全电路之间,用来限制能量,以保证本质安全电路本质安全性能的接口。

3.27

隔爆兼本质安全型电源 **flameproof and intrinsically safe power supply**

具有隔爆外壳而部分电路为本质安全型的矿用电源。

3.28

安全栅 **safety barrier**

接在本质安全电路和非本质安全电路之间,将供给本质安全电路的电压或电流限制在一定安全范围内的装置。

3.29

火花试验装置 **spark test apparatus**

在规定的条件下,用来检验电路接通或断开时产生的电火花能量能否点燃规定的爆炸性混合物的装置。

3.30

正压外壳型电气设备　pressurized enclosures electrical apparatus

p〔IEC〕

用保持内部保护气体的压力高于外部大气压力,以阻止外部爆炸性气体进入外壳的防爆电气设备。

3.31

浇封型电气设备　encapsulated electrical apparatus

m〔IEC〕

将可能产生点燃爆炸性混合物的火花或过热的部分封入复合物中,使它们在运行或安装条件下不能点燃爆炸性气体环境的防爆电气设备。

3.32

特殊型电气设备　special type electrical apparatus

s〔IEC〕

异于现有防爆型式,由有关部门制定暂行规定,并经国家认可的检验单位检验认可的防爆电气设备。

3.33

矿用防爆灯具　mining explosion-proof luminaires

适用于有瓦斯(和煤尘)爆炸危险的煤矿井下照明用的灯具。

3.34

矿灯　miner's lamp

帽灯　cap lamp

头灯　head lamp

安全帽灯(拒用)

可固定在矿用安全帽上的照明灯,由光源、蓄电池和壳体等组成。

3.35

矿用隔爆型干式变压器　mining flameproof dry-type transformers

具有隔爆外壳的,不用绝缘油作绝缘和冷却介质的变压器。

3.36

矿用防爆型电动机　mining explosion-proof motor

用于煤矿,不会引起周围爆炸性混合物爆炸的,将电能转换为机械能的电机。

3.37

矿用防爆型变频器   mining explosion-proof frequency converter

用于煤矿,不会引起周围爆炸性混合物爆炸的,将固定电压、频率的交流电变换成频率及电压对应可调的交流电的电气设备。

3.38

矿用防爆型软起动器   mining explosion-proof soft-starter

用于煤矿,不会引起周围爆炸性混合物爆炸的,由电力电子器件、控制器等组成,通过降低异步电动机起动时的端电压而减小电动机起动电流的起动器。

3.39

**矿用防爆型负荷控制中心   mining explosion-proof control centre of load
组合开关**

用于煤矿,不会引起周围爆炸性混合物爆炸的多回路的交流电动机起动器。

3.40

**矿用防爆型动力负荷控制中心   mining explosion-proof control centre of
power and load**

用于煤矿,不会引起周围爆炸性混合物爆炸的由高压开关、多电压输出的变压器和多回路交流电动机起动器组成的组合电器。

3.41

**漏电保护装置   earth-leakage protector; earthleakage protective equipment
检漏装置**

矿用隔爆型检漏装置、矿用隔爆型选择性检漏装置、漏电指示器和漏电闭锁装置等的总称。

3.42

**矿用隔爆型检漏装置   flameproof leak detection device for mine; flame-
proof leakage detection device for mine**

能实现漏电动作、漏电闭锁功能,并能连续监视其绝缘电阻的保护装置。

3.43

矿用隔爆型选择性检漏装置   flameproof selective leak detection device for

mine; flameproof selective leakage detection device for mine

井下多路供电系统中能单独识别并自动切断漏电馈出线的检漏装置。

3.44

漏电指示器　leakage detector

当井下供电系统中漏电电流达到设定值时能自动发出漏电信号的装置。

3.45

漏电闭锁装置　earth-leakage interlock unit; leakage interlocking device

当井下供电系统绝缘电阻低于设定值时,使开关闭锁不能送电的部件。

3.46

综合保护装置　multifunction protector

具有短路、过负荷、断相、漏电等多功能的保护装置。

3.47

超前切断电源装置　quick interruption device of short-circuits

在电缆或电气设备发生故障时,能在电火花(或高温)点燃爆炸性混合物前将电源切断的保护装置。

3.48

矿用橡套软电缆　rubber-sheathed flexible cable for mine

用橡胶类或类似材料作绝缘和护套的各种用途的电缆,一般其护套具有不延燃性。

3.49

矿用橡套屏蔽电缆　rubber-sheathed screened cable for mine

具有分相屏蔽或(和)总屏蔽的矿用橡套软电缆。

3.50

矿用隔爆型高压电缆连接器　flameproof coupling device for high-voltage mine cable

具有隔爆型外壳结构,用于连接矿用高压电缆的装置。

3.51

电缆引入装置　cable entry

允许将一根或多根电缆或光缆引入电气设备内部并能保证其防爆型式的装置。

3.52

导管引入装置　**conduit entry**

将导管引入电气设备内而仍保持其防爆型式的一种装置。

3.53

直接引入　**direct entry**

直接接入主外壳内的连接方式。

3.54

间接引入　**indirect entry**

用接线盒或插接装置连接的方式。

3.55

移动式电气设备　**movable electrical equipment; mobile electrical equipment**

在工作中不断地移动位置,或安设时不需构筑专门基础并且经常变动其工作地点的电气设备。

3.56

手持式电气设备　**portable electrical equipment**

在工作中用手保持和移动设备本体或协同工作的电气设备。

3.57

固定式电气设备　**stationary electrical equipment**

除移动式和手持式以外的,安设在专门基础上的电气设备。

3.58

爬电距离　**creepage distance**

两个导电部件之间沿绝缘材料表面的最短距离。

3.59

电气间隙　**clearance**

两个导电部件间最短的直线距离。

3.60

防爆电气设备类别　**group of electrical apparatus for explosive atmospheres**

根据电气设备使用环境而划分的类别。煤矿用设备为Ⅰ类,其他为Ⅱ类。Ⅱ类隔爆型"d"和本质安全型"i"电气设备又分为Ⅱ A、Ⅱ B和Ⅱ C类。

3.61

防爆型式　type of protection

为防止电气设备引起周围爆炸性气体环境引燃而采取的特定措施。

3.62

点燃温度　ignition temperature

引燃温度

按照爆炸试验方法试验时，点燃爆炸性混合物的最低温度。

3.63

最高表面温度限值　limiting value of maximum surface temperature

电气设备在允许的最不利条件下运行时，其表面或任一部分可能达到的并有可能引燃周围爆炸性气体环境的最高温度限值。

3.64

最小点燃电流　minimum igniting current(MIC)

在规定的火花试验装置中和规定的条件下，能在电阻电路或电感电路中引起爆炸性试验混合物点燃的最小电流。

3.65

最低点燃电压　minimum igniting voltage

在规定的火花试验装置中和规定的条件下，引起试验用爆炸性混合物点燃的电容电路最低电压。

3.66

甲烷爆炸界限　explosive limit of methane

甲烷和空气的混合物发生爆炸的甲烷浓度的上、下限。

3.67

甲烷最小点燃能量　minimum igniting energy of methane

甲烷最小引燃能量

在规定的试验条件下，能够点燃甲烷和空气混合物的最小能量。

3.68

压力重叠　pressure piling

点燃外壳内某一空腔或间隔内的爆炸性气体混合物而引起与之相通的其他空腔或间隔内的被预压的爆炸性气体混合物点燃时呈现的状态。

3. 69

爆炸危险场所 **hazardous area**

爆炸性混合物出现的或预期可能出现的数量达到足以要求对电气设备的结构、安装和使用采取预防措施的场所。

3. 70

爆炸性混合物 **explosive mixture**

在大气条件下,具有爆炸性的气体、蒸气、粉尘或纤维状的易燃物质与空气的混合物。

3. 71

爆炸性环境 **potentially explosive atmosphere**

可能发生爆炸的环境。

3. 72

防爆合格证 **certificate of conformity**

由国家认可的检验机构所颁发的用以证明样机或试样及其技术文件符合有关标准中的一种或几种防爆型式要求的证件。

4 煤矿主要电耗指标

4. 1

吨煤电耗 **electrical energy consumption per tonne of raw coal**

吨煤单耗(拒用)

平均每生产 1 t 原煤所消耗的电量。为直接用于原煤生产的总耗电量除以原煤总产量。

4. 2

吨煤电费 **electrical energy cost per tonne of raw coal**

平均每生产 1 t 原煤所需要的电费。

4. 3

通风电耗 **electrical energy consumption of ventilation**

通风机全压 1 Pa,每排出 1 Mm³ 风量所消耗的电能。以此作为通风机效率的评估指标。

284

4.4

排水电耗　electrical energy consumption of pumping

垂直高度为 100 m，每排出 1 t 水所消耗的电能。以此作为排水系统效率的评估指标。

4.5

压风比功率　specific power of compressed air

空气压缩机在标称条件下排气量为 1 m³/min 时所需的功率。以此作为空气压缩机效率的评估指标。

5　煤矿监测与控制

5.1

煤矿安全生产监控系统　supervision system for production safety in the coal mine

煤矿安全生产综合监控系统

用于煤矿通风安全及生产环节监控的系统，包括通风安全、瓦斯抽采（放）、轨道运输、带式运输、提升运输、供电、排水、火灾监控系统，矿山压力、煤与瓦斯突出、井下人员位置、煤炭产量远程监测系统等。

5.2

煤矿通风安全监控系统　supervision system of the mine ventilation safety

矿井通风安全监控系统

监测甲烷浓度、一氧化碳浓度、风速、风压、温度、烟雾、馈电状态、风门状态、风筒状态、局部通风机开停、主通风机开停等，并实现甲烷超限声光报警、断电和甲烷风电闭锁控制等功能的系统。

5.3

煤矿瓦斯抽采监控系统　supervision system of gas suction in the coal mine

煤矿瓦斯抽放监控系统

监测甲烷浓度、压力、流量、温度、抽放泵状态、阀门状态等，并实现甲烷超限声光报警，抽放泵和阀门控制等功能的系统。

5.4

煤矿井下人员位置监测系统　supervision system of locating personel in the

coal mine

煤矿井下作业人员管理系统

监测井下人员位置,具有携卡人员出/入井时刻、重点区域出/入时刻、限制区域出/入时刻、工作时间、井下和重点区域人员数量、井下人员活动路线等监测、显示、打印、储存、查询、报警、管理等功能的系统。

5.5

煤炭产量远程监测系统　remote supervising system for the output of coal
煤炭产量监测系统

一般由煤炭产量监测装置、监控中心等组成,具有远距离监测煤炭产量、超产报警、工作异常报警、统计、显示、打印、存储、查询等功能的系统。

5.6

煤矿供电监控系统　supervision system of power supply in the coal mine
矿井供电监控系统

监测电网电压、电流、功率、功率因数、馈电开关状态、电网绝缘状态等,并实现漏电保护、馈电开关闭锁控制、地面远程控制等功能的系统。

5.7

煤矿排水监控系统　supervision system of drainage in the coal mine
矿井排水监控系统

监测水仓水位、水泵开停、水泵工作电压、电流、功率、阀门状态、流量、压力等,并实现阀门开关、水泵开停控制、地面远程控制等功能的系统。

5.8

矿山压力监测系统　supervision system of pressure in the coal mine
矿山压力预报系统

监测地音、顶板位移、位移速度、位移加速度、红外发射、电磁发射等,并实现矿山压力预报等功能的系统。

5.9

煤与瓦斯突出监测系统　supervision system of coal and gas outburst
煤与瓦斯突出预报系统

监测煤岩体声发射、瓦斯涌出量、工作面煤壁温度、红外发射、电磁发射等,并实现煤与瓦斯突出预报等功能的系统。

5. 10

煤矿火灾监控系统　fire supervision system in the coal mine

监测一氧化碳浓度、二氧化碳浓度、氧气浓度、温度、风压、烟雾等，并通过风门控制，实现均压灭火控制、制氮与注氮控制等功能的系统。

5. 11

矿山轨道运输监控系统　supervision system of track haulage in the mine; mine track haulage supervision system

对煤矿轨道运输进行的集中监控。在对机车位置、信号机、转辙机等状态监测的基础上，实现进路、信号、道岔等的集中联锁和闭锁的系统。

5. 12

矿井带式输送监控系统　underground belt conveyor supervision system; supervision system of belt conveyor in the mine

监测输送带速度、轴温、烟雾、堆煤、横向断裂、纵向撕裂、跑偏、打滑、电机运行状态、煤仓煤位等，并实现逆煤流启动，顺煤流停止等闭锁控制和安全保护、地面远程调度与控制、输送带火灾监测与控制等功能的系统。

5. 13

煤矿提升运输监控系统　supervision system of hoisting in the coal mine

监测罐笼位置、速度、安全门状态、摇台状态、阻车器状态等，并实现推车和提升闭锁控制等功能的系统。

5. 14

矿井生产监控　supervision of the coal mine production; mine production supervision

矿井生产过程监控

对煤矿井下各生产环节进行的集中监控。

5. 15

采煤工作面监控　coal mining face supervision; supervision at coal mining face

对采煤工作面的采煤机、输送机和液压支架等机械设备进行的集中监控。

5. 16

设备状态监测和故障诊断　health monitoring and fault diagnosis of equip-

ment

对设备运行状况和与潜在故障有关的因素进行的监测。

5.17

中心站 **central station**

地面数据处理中心

接收系统中各种监测数据,对其进行分析、处理、存储、打印、显示等,并发出控制指令和信号。

5.18

主站 **master station**

煤矿生产过程或局部生产环节监测、监控系统中的中心数据处理装置。它可接收分站或局部设备传来的各种监测数据,并对其进行处理,也可对分站及有关设备发出控制指令和信号。

5.19

分站 **outstation**

监控分站

接收来自传感器的信号,并按预先约定的复用方式(时分制或频分制等)远距离传送给传输接口,同时接收来自传输接口的多路复用信号(时分制或频分制等),具有简单数据处理能力,能控制执行器工作的装置。

5.20

传输接口 **transmission interface**

既能接收分站远距离发送的信号送主机或中心站处理,又能接收主机或中心站信号并传送至相应分站的装置。

5.21

矿用网络交换机 **network switch for mine**

用于煤矿,支持以太网等接口的多端口交换设备。

5.22

甲烷传感器 **methane transducer**

将甲烷浓度按一定规律转换为电信号输出的装置。

5.23

烟雾传感器 **smoke transducer**

将烟雾浓度按一定规律转换为电信号输出的装置。

5.24

一氧化碳传感器   carbon monoxide transducer

将一氧化碳浓度按一定规律转换为电信号输出的装置。

5.25

二氧化碳传感器   carbon dioxide transducer

将二氧化碳浓度按一定规律转换为电信号输出的装置。

5.26

氧气传感器   oxygen transducer

将氧气浓度按一定规律转换为电信号输出的装置。

5.27

风压传感器   air pressure transducer

将气压按一定规律转换为电信号输出的装置。

5.28

风速传感器   air velocity transducer

将空气的流动速度按一定规律转换为电信号输出的装置。

5.29

煤位传感器   coal level transducer

将煤仓煤位高度按一定规律转换为电信号输出的装置。

5.30

采煤机位置传感器   shearer position transducer

将采煤机在工作面的运行位置按一定规律转换为电信号输出的装置。

5.31

采煤机倾角传感器   shearer obliquitous transducer

将采煤机机身、摇臂的倾角按一定规律转换为电信号输出的装置。

5.32

机车位置传感器   locomotive position transducer

将矿用机车位置按一定规律转换为电信号输出的装置。

5.33

煤岩界面传感器   coal-rock interface transducer

在采掘机械上检测煤岩界面位置,并按一定规律转换为电信号输出的装置。

5.34

输送带打滑传感器 belt track slip transducer

将输送带运行时的打滑状态按一定规律转换为电信号输出的装置。

5.35

输送带撕裂传感器 belt rip transducer

将输送带沿纵向撕裂状态按一定规律转换为电信号输出的装置。

5.36

输送带跑偏传感器 belt disalignment transducer

将输送带跑偏状态按一定规律转换为电信号输出的装置。

5.37

输送带堆煤传感器 conveyor coal blocking transducer

将输送带煤炭堆积状态按一定规律转换为电信号输出的装置。

5.38

设备开停状态传感器 equipment ON/OFF transducer

检测设备的开停状态,并将其按一定规律转换为电信号输出的装置。

5.39

矿用风筒状态传感器 air pipe operation condition transducer for mine

监测风筒是否有风,并转换为电信号输出的装置。

5.40

矿用风门状态传感器 air door operation condition transducer for mine

监测矿井风门开关状态,并转换为电信号输出的装置。

5.41

矿用馈电状态传感器 feed transducer for mine

监测矿井中馈电开关或电磁起动器负荷侧有无电压,并转换为电信号输出的装置。

5.42

便携式甲烷检测报警仪 portable methane alarm detector

具有甲烷浓度数字显示及超限报警功能的携带式仪器。

5.43

甲烷报警矿灯   methane alarm head lamp

具有甲烷浓度超限报警功能的矿灯。

5.44

煤炭产量监测装置   monitoring device of coal gauging

一般由计量仪器、传感器、监视装置和主站等组成,具有产量记录、输煤设备工况监测、超产报警、工作异常报警、信息上传等功能的装置。

5.45

提升信号装置   winding signalling; hoisting signalling

用作矿井提升机房、井口、井下各水平之间信号联络并具有必要闭锁的装置。

5.46

斜井人车信号装置   inclined shaft manrider signalling

供斜井人车与矿井提升机房之间进行信号联络的装置。

6   煤矿通信

6.1

矿区通信   mining area communication

以矿务局(集团公司)为中心,矿区内各单位之间的各类地面通信。

6.2

矿井通信   mine communication

以矿为中心,矿内各部门、环节之间的各类地面及井下通信。

6.3

井下通信   underground communication

煤矿地面与井下各生产环节和有关辅助环节之间、井下各环节相互之间、或各环节内部的通信。

6.4

矿井调度通信   mine dispatching communication; underground mine dispatching communication

专供调度指挥用的,调度室与地面、井下各生产环节和有关辅助环节之间的通信。

6.5

矿井调度通信主系统　main system of mine dispatching communication; main system of underground mine dispatching communication

与矿调度室直接联系的通信系统。由调度交换机、与之直接联系的各电话分机或局部通信系统(子系统)的调度通信汇接装置以及它们之间的传输通道等构成。

6.6

矿井调度通信子系统　subsystem of mine dispatching communication; subsystem of underground mine dispatching communication

通过调度通信汇接装置进入调度通信主系统的各生产环节和辅助环节的局部通信系统。

6.7

矿井局部通信系统　mine local communication system; underground mine local communication system

地面、井下生产环节,辅助环节局部范围内联络、指挥用的通信系统。

6.8

工作面通信　face communication

工作面内部、工作面与采区巷道之间的通信。

6.9

井筒通信　shaft communication

井筒内人员与提升房、井口以及井下各水平有关工作人员之间的通信。

6.10

架线式电机车载波通信　carrier communication for trolley locomotive

调度室与架线式电机车之间,或架线式电机车相互间利用架空馈线和铁轨作为载波传输线的通信。

6.11

矿山救护通信　communication of the mine rescuc

矿山救护工作中使用的通信。

6.12

感应通信　inductive communication

借助于感应体（沿井筒或巷道敷设的导线、金属管道或其他导体）对电磁波传播的导行作用来实现的通信。

6.13

矿用通信电缆　communication cable for mine

具有适用于矿井环境的机械强度、耐潮、防静电和阻燃等性能的矿井专用通信电缆。

6.14

调度通信汇接装置　interconnecting device for dispatching communication system

汇接装置

调度通信主系统和子系统间的接口（用来实现主系统和子系统通信设备之间信号的转换和传递，同时不影响各系统的独立性和本质安全性能）。

6.15

矿用电话机　mine telephone set

具有防爆、防尘、防潮等性能，适合矿井特殊要求的电话机。

6.16

矿井移动通信　mobile communication in the mine
矿井无线通信

使用无线传输或无线传输与有线传输相结合方式，实现煤矿井下移动体之间或移动体与固定体之间的通信。

6.17

矿井漏泄通信　leakage communication in the mine

借助于漏泄电缆来导行电磁波的通信方式。

6.18

漏泄电缆　leakage cable

一种特制的表面疏编、开孔或开槽，具有射频传输线与天线双重功能的同轴电缆，当电磁波沿该电缆传输时能向其周围空间辐射电磁波。

6.19

矿井透地通信 through-the-earth communication in the coal mine

利用低频及甚低频率电磁波可以穿透地层的特性,以大地作为传输媒介的通信方式。

6.20

矿井蜂窝移动通信 cellular mobile communication in the mine

将煤矿井下划分为多个服务小区,每个小区设置一个基站,负责本小区各个移动台的联络与控制,各个基站通过移动交换中心相互联系,并与调度台相连接的通信制式。

6.21

矿用手机 mobile phone for mine

煤矿井下环境中使用的本质安全型手持式移动电话终端。

6.22

基站 base station

煤矿井下环境中使用,有防爆要求的无线电台站,负责无线覆盖区域中移动台的联络与控制,并与移动通信交换中心相连接。

7 煤矿信息化

7.1

煤矿信息处理系统 information processing system for coal mine

在煤矿各级企业和事业单位内、外,具有接收、传送和处理信息等功能的系统。

7.2

煤矿信息检索系统 information retrieval system for coal mine

采用数据处理技术和方法,致力于煤矿信息的产生、收集、评价、存储、检索和分发的有机整体。由硬件(计算机系统和通信网络)、软件(系统软件和应用软件)、库(各种数据库)、系统管理者和用户五个要素构成的系统。

7.3

煤矿地理信息系统 geography information system for coal mine

对煤矿井上、下空间及煤炭赋存环境等信息进行采集、存储、处理、制图、管理和输出,并用于煤矿生产设计、管理和决策支持的一种行业地理信息系统。

附加说明:

GB/T 15663《煤矿科技术语》分为如下几部分:

——第 1 部分:煤炭地质与勘查;

——第 2 部分:井巷工程;

——第 3 部分:地下开采;

——第 4 部分:露天开采;

——第 5 部分:提升运输;

——第 6 部分:矿山测量;

——第 7 部分:开采沉陷与特殊采煤;

——第 8 部分:煤矿安全;

——第 10 部分:采掘机械;

——第 11 部分:煤矿电气。

本部分为 GB/T 15663 的第 11 部分。

本部分代替 GB/T 15663.11—1995《煤矿科技术语　矿山电气工程》。

本部分与 GB/T 15663.11—1995 相比,主要变化如下:

——将标准的名称由《煤矿科技术语　第 11 部分:矿山电气工程》改为《煤矿科技术语　第 11 部分:煤矿电气》;

——修改了章题,将第 2 章的标题改为"煤矿供电",第 4 章的标题改为"煤矿主要电耗指标";

——按 GB/T 1.1 及 GB/T 20001.1 的要求,对标准的编写格式进行了相应修改;

——修改了原标准中 3.4、3.5、3.6、3.7、3.9、3.14、3.15、3.16、3.17、3.18、3.19、3.20、3.21、3.22、3.23、3.24、3.37、3.53、3.54、3.55、3.56、3.61、3.64、3.66、3.67 的术语名称及定义,并新增加了术语"最低点燃电压",列为本版的 3.65 条,删除了原标准中的 3.38 条,使这些术语与现行的关于"爆炸性气体环境用电气设备"的国家标准(等效采用 IEC 标准)相一致;

——适应目前煤矿供电系统和矿用电气设备的现状,对原标准中的 3.41、

3.47、3.50 条的定义和 3.52 条的术语名称及定义作了修改,新增加了术语"地下工作面供电系统"、"矿用防爆型电动机"、"矿用防爆型变频器"、"矿用防爆型软起动器"、"矿用防爆型负荷控制中心"和"矿用防爆型动力负荷控制中心"分别列为本版的 2.4、3.36、3.37、3.38、3.39 和 3.40 条。并删除了原标准中的 3.28、3.29、3.30、3.34、3.35、3.36 和 3.62 条;

——在第 5 章和第 6 章中增加了一些新的术语并加以定义。新增加的术语并加以定义的条款是本版的 5.1、5.2、5.3、5.4、5.5、5.6、5.7、5.8、5.9、5.10、5.13、5.20、5.21、5.25、5.26、5.31、5.38、5.39、5.40、5.41、5.42、5.43、5.44、6.16、6.17、6.18、6.19、6.20、6.21、6.22 条。同时对原标准中的 5.8、5.12 条作了修改,然后列为本版的 5.12、5.19 条。还删除了原标准中定义过于笼统的 5.1、5.2、5.3、5.5 条。鉴于第 5 章条款的变化较大,没有变化的条款的排序和编号也相应作了调整;

——将第 7 章的标题改为"煤矿信息化",删除了原标准中的 7.1、7.3,将原标准中的 7.2、7.4 分别列为本版的 7.1、7.2,并新增加了术语"煤矿地理信息系统"列为本版的 7.3。

本部分由中国煤炭工业协会提出。

本部分由全国煤炭标准化技术委员会归口。

本部分起草单位:天地科技股份有限公司上海分公司、煤炭科学研究总院上海分院、天地(常州)自动化股份有限公司、中国矿业大学(北京)。

本部分主要起草人:许森祥、陈荣中、王文召 、孙继平、彭霞、高小桦、陈洪飞。

本部分所代替标准的历次版本发布情况为:

——GB/T 15663.11—1995。

中华人民共和国国家标准

煤 岩 术 语

Terms relating to coal petrology

GB/T 12937—2008

代替 GB/T 12937—1995

1 范围

本标准规定了腐植煤煤岩学研究的宏观、微观和分析方法等有关名词术语。
本标准适用于褐煤、烟煤和无烟煤。

2 烟煤和无烟煤的煤岩术语

2.1

宏观煤岩成分 lithotype

腐植煤中肉眼可识别的基本组成单元。

2.1.1

镜煤 vitrain

煤中光泽最强、黑亮、均匀、性脆、内生裂隙发育的煤岩成分。

2.1.2

亮煤 clarain

煤中光泽较强、次亮、具有纹理的煤岩成分。

2.1.3

暗煤 durain

煤中光泽暗淡、致密坚硬、不均匀的煤岩成分。

2.1.4

丝炭 fusain

煤中丝绢光泽、纤维状结构、性脆的煤岩成分。

2.2

宏观煤岩类型 macrolithotype

依据煤的总体相对光泽强度和光亮成分含量来划分的类型,在一定程度上反映煤岩成分的组合。

2.2.1

光亮煤　bright coal　BC

煤中总体相对光泽最强的宏观煤岩类型,其光亮成分含量大于80%。

2.2.2

半亮煤　semibright coal　SBC

煤中总体相对光泽较强的宏观煤岩类型,其光亮成分含量大于50%～80%。

2.2.3

半暗煤　semidull coal　SDC

煤中总体相对光泽较弱的宏观煤岩类型,其光亮成分含量大于20%～50%。

2.2.4

暗淡煤　dull coal　DC

煤中总体相对光泽最弱的宏观煤岩类型,其光亮成分含量小于20%。

2.3

显微组分　maceral

显微镜下可辨别的煤的有机组成单元。

2.4

显微亚组分　submaceral

依据成因、形态和物理性质上的微小差别所做的显微组分的细分。

2.5

显微组分组　maceral group

成因和性质大致相似的煤岩组分的归类。

2.6

镜质组　vitrinite group　V

主要由植物的木质纤维组织经凝胶化作用转化而成的显微组分的总称。

2.6.1

镜质体　vitrinite

泛指镜质组中各种显微组分。

2.6.2

结构镜质体　telinite　T

具有植物细胞结构的镜质体(指细胞壁部分)。

2.6.2.1

结构镜质体1　telinite　1　T1

细胞壁开放的结构镜质体。

2.6.2.2

结构镜质体2　telinite　2　T2

细胞壁封闭的结构镜质体。

2.6.3

无结构镜质体　collinite　C

显微镜下,均匀、不显示植物细胞结构的镜质体。

2.6.3.1

均质镜质体　telocollinite　TC

均匀、纯净、边界清晰、条带状分布的无结构镜质体。

2.6.3.2

基质镜质体　desmocollinite　DC

无定形、胶结其他组分或碎片的无结构镜质体。

2.6.3.3

团块镜质体　corpocollinite　CC

多呈圆形或椭圆状、均一块状或充填细胞腔的无结构镜质体,反射力较胶质镜质体略强。

2.6.3.4

胶质镜质体　gelocollinite　GC

充填于细胞腔或裂隙中均一、致密、胶体状的无结构镜质体。

2.6.4

碎屑镜质体　vitrodetrinite　CD

粒径小于 10 μm 碎屑状镜质体。

2.7

惰质组 inertinite group I

由植物遗体经丝炭化作用转化而成的显微组分的总称。

2.7.1

惰质体 inertinite

泛指惰质组中各种显微组分。

2.7.2

半丝质体 semifusinite Sf

反射率介于镜质体与丝质体之间,具有细胞结构的惰质体。

2.7.3

丝质体 fusinite F

主要由木质纤维组织经丝炭化作用形成的、具有植物细胞结构的、高反射率的惰质体。

2.7.3.1

火焚丝质体 pyrofusinite Pf

由森林火灾形成的亮黄色、植物细胞结构基本未改变的惰质体。

2.7.3.2

氧化丝质体 oxyfusinite Of

由丝炭化作用形成的亮黄色、植物细胞结构不同程度发生膨胀的惰质体。

2.7.4

粗粒体 macrinite Ma

不显示细胞结构的块状或基质状的惰质体。

2.7.5

微粒体 micrinite Mi

粒径一般小于 $1\mu m$,单个或粒状集合体的惰质体。

2.7.6

真菌体 funginite Fu

由真菌遗体生成的惰质体。

2.7.7

分泌体 secretinite Se

由植物分泌物经丝炭化作用形成的圆形或似圆状的惰质体。

2.7.8

碎屑惰质体　inertodetrinite　ID

粒径小于 30 μm 的无细胞结构的碎屑状惰质体。

2.8

壳质组　exinite group；liptinite group　E

主要由高等植物繁殖器官、树皮、分泌物以及藻类等形成的反射力最弱的显微组分的总称。

2.8.1

壳质体　exinite；liptinite

泛指壳质组中的各种显微组分。

2.8.2

孢粉体　sporinite　Sp

由植物繁殖器官的孢子和花粉外壁形成的壳质体。

2.8.2.1

大孢子体　macrosporinite　MaS

个体较大的雌性孢粉体，>100 μm。

2.8.2.2

小孢子体　microsporinite　MiS

个体较小的雄性孢粉体，<100 μm。

2.8.3

角质体　cutinite　Cu

由植物茎、枝、叶等表皮组织的分泌物形成的壳质体。

2.8.4

树脂体　resinite　Re

由植物的树脂、蜡质和脂类物质形成的壳质体。

2.8.5

木栓质体　suberinite　Sub

由植物细胞壁栓质化形成的壳质体。

2.8.6

树皮体　barkinite　Ba

由植物的周皮组织形成的壳质体，其纵横切面呈叠瓦状结构。

2.8.7

沥青质体　bituminite　Bt

由藻类、浮游生物、细菌等经强烈分解形成的基质状或线纹状的壳质体。

2.8.8

渗出沥青体　exsudatinite　Ex

主要由壳质体和无结构镜质体析出的次生显微组分。

2.8.9

荧光体　fluorinite　Fl

主要由植物叶分泌的油、脂肪等转化而成的具强荧光的壳质体。

2.8.10

藻类体　alginite　Alg

由低等生物的藻类遗体形成的壳质体。

2.8.10.1

结构藻类体　telalginite　Ta

显示藻类组织细胞结构的壳质体。

2.8.10.2

层状藻类体　lamalginite　La

藻类组织细胞结构不明显的壳质体。

2.8.11

碎屑壳质体　liptodetrinite　LD

粒径小于 $3\ \mu m$ 的碎屑状壳质体。

2.9

显微煤岩类型　microlithotype

显微组分的典型共生组合，其最小厚度为 $50\ \mu m$。

2.9.1

微镜煤　vitrite

镜质组含量大于 95% 的类型。

2.9.2

微惰煤　inertrite

惰质组含量大于 95% 的类型。

2.9.3

微壳煤　liptite

壳质组含量大于 95% 的类型。

2.9.4

微镜惰煤　vitrinertite

镜质组和惰质组含量之和大于 95%，两者含量均不小于 5% 的类型。

2.9.5

微亮煤　clarite

镜质组和壳质组含量之和大于 95%，两者含量均不小于 5% 的类型。

2.9.6

微暗煤　durite

壳质组和惰质组含量之和大于 95%，两者含量均不小于 5% 的类型。

2.9.7

微三合煤　trimacerite

镜质组、惰质组和壳质组含量均大于 5% 的类型。

2.9.8

显微矿化类型　carbominerite

含硫化铁 5%～20% 或含其他矿物 20%～<60% 的矿物和显微组分的共生组合。

2.9.8.1

微泥质煤　carbargilite

黏土矿物占 20%～<60% 的显微矿化类型。

2.9.8.2

微硅质煤　carbosilicite

石英占 20%～<60% 的显微矿化类型。

2.9.8.3

微碳酸盐质煤　carbankerite

碳酸盐占 20%～＜60%的显微矿化类型。

2.9.8.4

微硫化物质煤　carbopyrite

硫化物占 5%～＜20%的显微矿化类型。

2.9.8.5

微复矿质煤　carbopolyminerite

包含两种和两种以上矿物(含硫化物类＞5%～＜45%、＞10%～＜30%,含黏土类、碳酸盐类、石英 20%～＜60%)的显微矿化类型。

2.9.9

显微矿质类型　minerite

含硫化铁大于 20%或含其他矿物大于等于 60%的矿物和显微煤岩类型的共生组合。

2.9.9.1

微泥质型

黏土矿物含量大于等于 60%的显微矿质类型。

2.9.9.2

微硅质型

石英含量大于等于 60%的显微矿质类型。

2.9.9.3

微碳酸盐质型

碳酸盐矿物含量大于等于 60%的显微矿质类型。

2.9.9.4

微硫化物质型

硫化物矿物含量大于 20%的显微矿质类型。

2.9.9.5

微复矿质型

包含两种和两种以上矿物(黏土类、碳酸盐类、石英大于等于 60%,硫化物类大于 20%)的显微矿质类型。

3　褐煤的煤岩术语[①]

3.1

褐煤煤岩类型

3.1.1

木质煤　xylitic coal

含有 10％以上木煤的宏观煤岩类型。

3.1.2

碎屑煤　detrital coal

木煤、丝炭含量均小于 10％、主要由腐植型碎屑物质组成的宏观煤岩类型。

3.1.3

丝质煤　fusinitic coal

丝炭含量大于 10％的宏观煤岩类型。

3.1.4

矿化煤　mineral-rich coal

矿物质含量高的宏观煤岩类型。

3.2

褐煤显微组分

3.2.1

腐植组　huminite group　H

主要由植物的木质纤维组织经腐植化作用转化而成的褐煤显微组分的总称。

3.2.1.1

腐植体　huminite

泛指腐植组中的各种显微组分。

3.2.1.2

结构腐植体　humotelinite

具有植物细胞结构的腐植体(指细胞壁部分)。

[①]　褐煤显微组分划分为腐植组、惰质组、稳定组三大组。其中惰质组部分的术语包括:半丝质体、丝质体、粗粒体、微粒体、菌类体、碎屑惰质体;定义见烟煤显微组分的相应术语。稳定组部分的术语除叶绿素体外,还包括:孢子体、角质体、树脂体、木栓质体、沥青质体、荧光体、渗出沥青体、藻类体、碎屑稳定体,定义见烟煤显微组分的相应术语。

3.2.1.2.1

结构木质体 textinite

细胞壁基本上没有膨胀的结构腐植体。

3.2.1.2.2

腐木质体 ulminite

细胞壁虽已膨胀,但仍保留细胞结构的结构腐植体。

3.2.1.2.2.1

结构腐木质体 texto-ulminite

胞腔开放的腐木质体。

3.2.1.2.2.2

充分分解腐木质体 eu-ulminite

胞腔封闭的腐木质体。

3.2.1.3

无结构腐植体 humocollinite

不显示植物细胞结构的腐植体。

3.2.1.3.1

凝胶体 gelinite

胶状的无结构腐植体。

3.2.1.3.1.1

多孔凝胶体 porigelinite

多孔、不均匀的凝胶体。

3.2.1.3.1.2

均匀凝胶体 levigelinite

均一、致密的凝胶体。

3.2.1.3.2

团块腐植体 corpohuminite

团块状的无结构腐植体。

3.2.1.3.2.1

鞣质体 phlobaphinite

团块状的无结构腐植体。

3.2.1.3.2.2

假鞣质体　pseudo-phlobaphinite

与凝胶体同源的团块腐植体。

3.2.1.4

碎屑腐植体　humodetrinite

粒径小于 10 μm 的碎屑状腐植体。

3.2.1.4.1

细屑体　attrinite

形态不同、轮廓清晰、疏松的碎屑腐植体。

3.2.1.4.2

密屑体　densinite

粒径极细小、轮廓模糊、密集的碎屑腐植体。

3.2.2

稳定组　liptinite group　L

主要由高等植物的繁殖器官、树皮、分泌物和藻类等形成的反射力最弱的显微组分的总称。

3.2.2.1

稳定体　exinite；liptinite

泛指稳定组中各种显微组分。

3.2.2.2

叶绿素体　chlorophyllinite

由植物的叶绿素转变的稳定组分。

4　煤岩显微测试方法术语

4.1

反射率　reflectance　R

在油浸和波长 546 nm 条件下,显微组分表面的反射光强度占垂直入射光强度的百分比。

4.1.1

镜质体最大反射率　maximum reflectance of vitrinite　R_{max}

单偏光下,转动载物台所测得的镜质体反射率的最大值。

4.1.2

镜质体最小反射率　minimum reflectance of vitrinite　R_{min}

单偏光下,在垂直层理的抛光面上,转动载物台所测得的镜质体反射率的最小值。

4.1.3

镜质体随机反射率　random reflectance of vitrinite　R_{ran}

非偏光下,不转动载物台所测得的镜质体反射率。

4.1.4

镜质体双反射率　bireflectance of vitrinite　R_{bi}

镜质体的最大反射率与最小反射率的差值。

4.1.5

镜质体反射率分布图　reflectogram of vitrinite

表示镜质体反射率分布特征的直方图。

4.2

荧光组分　fluorescence maceral

在荧光显微镜下,可以被激发出荧光的显微组分。

4.2.1

荧光强度　fluorescence intensity　I_{546}

显微组分在波长 546 nm 条件下,相对于铀酰玻璃标准的发光强度。

4.2.2

荧光光谱　spectral distribution of fluorescence

在紫外光照射下,显微组分在波长 400～700 nm 范围内荧光强度的分布曲线。

4.2.3

红/绿商　red/green quotient　$Q_{650/500}$

显微组分在波长 650 nm 和 500 nm 处相对荧光强度的比值。

4.3

显微硬度　microhardness of coal　Hv

显微组分对所施加的静压力的抵抗能力。根据用金刚石方锥压入显微组分表面所形成的压痕大小计算出的显微硬度,称为维氏显微硬度。

附 录 A

（资料性附录）

本标准词条编号与 ISO 7404-1:1994 词条编号对照

表 A.1 给出了本标准词条编号与 ISO 7404-1:1994 词条编号对照一览表。

表 A.1 本标准词条编号与 ISO 7401-1:1994 词条编号对照

本部分词条编号	对应的国际标准词条编号
1	1
—	2
—	2.1
2	—
2.1	—
2.2	—
2.3	2.3.1
2.4	2.3.2
2.5	2.3.3
2.6、2.7、2.8	3.3.1
2.9	2.3.4、3.2
—	2.3.5、2.3.6
2.9.8	2.3.7、3.3
2.9.9	2.3.8
3.1	—
3.2	—
4.1	2.2
4.2	—
4.3	—
附录 A	—
附录 B	—
汉语拼音索引	—
英语对应词的索引	—
—	附录 A

附加说明：

本标准修改采用 ISO 7404-1:1994《烟煤和无烟煤的煤岩分析方法——第 1 部分；名词术语》(英文版)。

本标准代替 GB/T 12937—1995《煤岩术语》。

本标准修订内容如下：

——取消半镜质组及其组分的术语，惰质组中增加分泌体术语，显微矿质类型中增加 5 个新术语，测试方法术语中增加荧光组分术语。

——增加附录 A，用以与 ISO 7404-1:1994 有关词条编号相互对照。

——增加附录 B，用以与 ISO 7404-1:1994 有关技术性差异相互对照。

——增加汉语拼音索引和英语对应词索引。

本标准根据 ISO 7404-1:1994 重新起草。为了方便比较，在附录 A 中，列出了本标准词条编号与 ISO 7404-1:1994 词条编号的对照一览表。

考虑我国国情，在采用 ISO 7404-1:1994 时做了一些修改。这些技术性差异用垂直单线标识在它们所涉及的条款的页边空白处。附录 B 中给出了技术性差异及其原因的一览表以供参考。

为便于使用，本标准还做了下列编辑性修改：

a) "本国际标准"一词改为"本标准"；

b) 删除国际标准的前言和引言。

本标准的附录 A、附录 B 为资料性附录。

本标准由中国煤炭工业协会提出。

本标准由全国煤炭标准化技术委员会归口。

本标准起草单位：煤炭科学研究总院西安研究院。

本标准主要起草人：张群、李小彦。

本标准所代替标准的历次版本发布情况为：

——GB/T 12937—1991、GB/T 12937—1995。

中华人民共和国国家标准

GB/T 3715—2007

代替 GB/T 3715—1996

煤质及煤分析有关术语

Terms relating to properties and analysis of coal

1 范围

本标准规定了煤质、煤炭分析及煤炭加工和利用有关的术语及其英文译名、定义和符号。

本标准适用于有关标准、文件、教材、书刊和手册。

2 煤质术语

2.1

煤及其产品术语

2.1.1

煤 coal

煤炭

植物遗体在覆盖地层下,经复杂的生物化学和物理化学作用,转化而成的固体有机可燃沉积岩。

2.1.2

煤当量 coal equivalent

标准煤

能源的统一计量单位。凡能产生 29.27 MJ 低位发热量的任何能源均可折算为 1 kg 煤当量值。

2.1.3

毛煤 run-of-mine coal; ROM coal

煤矿生产出来的,未经任何加工处理的煤。

---

2. 1. 4

原煤　raw coal

从毛煤中选出规定粒度的矸石(包括黄铁矿等杂物)以后的煤。

2. 1. 5

商品煤　commercial coal

作为商品出售的煤。

2. 1. 6

洗选煤　washed coal

经过洗选加工的煤。

2. 1. 7

精煤　cleaned coal

煤经精选(干选或湿选)加工生产出来的、符合品质要求的产品。

2. 1. 8

中煤　middlings

煤经精选后得到的、品质介于精煤和矸石之间的产品。

2. 1. 9

洗矸　washery rejects

由煤炭洗选过程中排出的高灰分产品。

2. 1. 10

煤泥　slime

粒度在 0. 5 mm 以下的一种选煤产品。

2. 1. 11

煤泥浆　slurry

煤粉或煤泥与水混合而成的流体。

2. 1. 12

筛选煤　screened coal

经过筛选加工的煤。

2. 1. 13

粒级煤　sized coal

煤通过筛选或洗选生产的、粒度下限大于 6 mm 的产品。

2. 1. 14

限下率　undersize fraction

含末率(被取代)

筛上产品中小于规定粒度部分的质量分数。

2. 1. 15

限上率　oversize fraction

筛下产品中大于规定粒度部分的质量分数。

2. 1. 16

特大块煤　ultra large coal

粒度大于 100 mm 的煤。

2. 1. 17

大块煤　large coal

粒度大于 50 mm 的煤。

2. 1. 18

中块煤　medium-sized coal

粒度介于 25～50 mm 的煤。

2. 1. 19

小块煤　small coal

粒度介于 13～25 mm 的煤。

2. 1. 20

混粒煤　mixed pea coal;mixed grained coal

粒度介于 6～25 mm 的煤。

2. 1. 21

粒煤　pea coal;grained coal

粒度介于 6～13 mm 的煤。

2. 1. 22

混块煤　mixed lump coal

粒度大于 13 mm 的煤。

2. 1. 23

混中块煤　mixed medium-sized coal

粒度介于 13～80 mm 的煤。

2.1.24

混煤　mixed coal

粒度小于 50 mm 的煤。

2.1.25

末煤　slack coal

粒度小于 25 mm 或小于 13 mm 的煤。

2.1.26

粉煤　fine coal

粒度小于 6 mm 的煤。

2.1.27

矸石　refuse；gangue

矸子（被取代）

采、掘煤炭过程中从顶、底板或煤层夹矸混入煤中的岩石。

2.1.28

夹矸　dirt band

夹在煤层中的岩石。

2.1.29

含矸率　refuse-content；gangue-content

煤中粒度大于 50 mm 矸石的质量分数。

2.1.30

动力煤　fuel coal；steam coal

动力用煤

通过煤的燃烧来利用其热值的煤炭通称动力煤。主要应用于发电煤粉锅炉、工业锅炉和工业窑炉中，主要包括电煤、锅炉煤和建材用煤等。

2.1.31

冶炼用炼焦精煤　cleaned coal for coking

指干基灰分在 12.50% 以下用于生产冶金焦的精煤。

2.1.32

喷吹煤　injection coal；coal for PCI

用于高炉喷吹的煤。

2.1.33

炉排煤　stoker coal

针对层燃锅炉不同炉排提供的不同特性、热值和颗粒度分布的煤。

2.1.34

型煤　briquette

煤砖

将粉碎的煤料以适当的工艺和设备加工成具有一定几何形状（如椭圆形、菱形和圆柱形等）、一定尺寸和一定理化性能的块状燃料。一般分工业型煤和民用型煤。

2.1.35

水煤浆　coal water mixture

CWM

将煤、水和少量添加剂经过物理加工过程制成的具有一定细度、能流动的稳定浆体。

2.1.36

风化煤　weathered coal

受风化作用，使含氧量增高，发热量降低，并含有再生腐植酸的煤。

2.1.37

天然焦　natural coke

天然焦炭

自然焦（被取代）

煤层受岩浆侵入，在高温的烘烤和岩浆中热液、挥发气体等的影响下受热干馏而形成的焦炭。

2.2

煤炭分类术语

2.2.1

类别　class；category

根据煤的煤化程度和工艺性能指标把煤划分成的大类。

2.2.2

小类　group

根据煤的性质和用途的不同,把大类进一步细分的类别。

2.2.3

煤阶　rank

煤级

煤化作用深浅程度的阶段。

2.2.4

褐煤　brown coal；lignite

HM

煤化程度低的煤,外观多呈褐色,光泽暗淡,含有较高的内在水分和不同数量的腐植酸。

2.2.5

次烟煤　sub-bituminous coal

CIY

镜质体平均随机反射率 $0.4\% \leqslant R_{ran} < 0.5\%$ 的煤。

2.2.6

烟煤　bituminous coal

YM

煤化程度高于褐煤而低于无烟煤的煤,其特点是挥发分产率范围宽,单独炼焦时从不结焦到强结焦均有,燃烧时有烟。

2.2.7

无烟煤　anthracite

WY

白煤(被取代)

煤化程度高的煤,挥发分低,密度大,燃点高,无黏结性,燃烧时多不冒烟。

2.2.8

硬煤　hard coal

为中等变质程度煤(烟煤)和高变质程度煤(无烟煤)的合称,镜质体平均随

机反射率 $0.5\% \leqslant R_{ran} < 6.0\%$ 的煤,或上限采用镜质体平均最大反射率 $R_{max} < 0.8\%$。

2.2.9

长焰煤　long flame coal

CY

变质程度最低、挥发分最高的烟煤,一般不结焦,燃烧时火焰长。

2.2.10

不黏煤　non-caking coal

BN

变质程度较低的、挥发分范围较宽、无黏结性的烟煤。

2.2.11

弱黏煤　weakly caking coal

RN

变质程度较低、挥发分范围较宽的烟煤。黏结性介于不黏煤和 1/2 中黏煤之间。

2.2.12

1/2 中黏煤　1/2 mediumcaking coal

1/2 ZN

黏结性介于气煤和弱黏煤之间的、挥发分范围较宽的烟煤。

2.2.13

气煤　gas coal

QM

变质程度较低、挥发分较高的烟煤。单独炼焦时,焦炭多细长、易碎,并有较多的纵裂纹。

2.2.14

1/3 焦煤　1/3 coking coal

1/3 JM

介于焦煤、肥煤与气煤之间的具有中等或较高挥发分的强黏结性煤。单独炼焦时,能生成强度较高的焦炭。

2.2.15

气肥煤　gas-fat coal

QF

挥发分高、黏结性强的烟煤。单煤炼焦时,能产生大量的煤气和胶质体,但不能生成强度高的焦炭。

2.2.16

肥煤　fat coal

FM

变质程度中等的烟煤。单独炼焦时,能生成熔融性良好的焦炭,但有较多的横裂纹,焦根部分有蜂焦。

2.2.17

焦煤　primary coking coal

JM

主焦煤(被取代)

变质程度较高的烟煤。单独炼焦时,生产的胶质体热稳定性好,所得焦炭的块度大、裂纹少、强度高。

2.2.18

瘦煤　lean coal

SM

变质程度较高的烟煤。单独炼焦时,大部分能结焦。焦炭的块度大、裂纹少,但熔融较差,耐磨强度低。

2.2.19

贫瘦煤　meager lean coal

PS

变质程度高,黏结性较差、挥发分低的烟煤。结焦性低于瘦煤。

2.2.20

贫煤　meager coal

PM

变质程度高、挥发分最低的烟煤。一般不结焦。

3 煤炭分析术语

3.1

采样和制样术语

3.1.1

煤样 coal sample

为确定煤的某些特性而从煤中采取的具有代表性的一部分煤。

3.1.2

采样 sampling

从大量煤中采取有代表性的一部分煤的过程。

3.1.3

随机采样 random sampling

在采取子样时,对采样的部位或时间均不施加任何人为的意志,能使任何部位的煤都有机会采出。

3.1.4

系统采样 systematic sampling

按相同的时间、空间或质量的间隔采取子样,但第一个子样在第一个间隔内随机采取,其余的子样按选定的间隔采取。

3.1.5

多份采样 reduplicate sampling

按一定的间隔采取子样,并将它们轮流放入不同的容器中构成两个或两个以上质量接近的煤样。

3.1.6

质量基采样 mass-basis sampling

对整个采样单元按一质量间隔采取子样。

3.1.7

时间基采样 time-basis sampling

对整个采样单元按一时间间隔采取子样。

3.1.8

采样单元 sampling unit

从一批煤中采取一个总样的煤量。一批煤可以是一个或多个采样单元。

3.1.9

批 lot

需要进行整体性质测定的一个独立煤量。

3.1.10

子样 increment

采样器具操作一次或截取一次煤流全横截段所采取的一份样。

3.1.11

总样 gross sample

从一个采样单元取出的全部子样合并成的煤样。

3.1.12

分样 partial sample

由均匀分布于整个采样单元的若干个子样组成的煤样。

3.1.13

初级子样 primary increment

在采样第一阶段,于任何破碎和缩分之前采取的子样。

3.1.14

煤层煤样 seam-sample of coal

按规定在采掘工作面、探巷或坑道中从一个煤层采取的煤样。

3.1.15

分层煤样 stratified seam-sample of coal

按规定从煤和夹矸的每一自然分层中分别采取的试样。

3.1.16

可采煤样 workable seam-sample of coal

按采煤规定的厚度应采取的全部试样(包括煤分层和夹矸层)。

3.1.17

生产煤样 coal sample for production

在正常生产情况下,在一个整班的采煤过程中采出的,能代表生产煤的物理、化学和工艺特性的煤样。

3. 1. 18

商品煤样　sample of commercial coal

代表商品煤平均性质的煤样。

3. 1. 19

标称最大粒度　nominal top size

与筛上累计质量分数最接近(但不大于)5％的筛子相应的筛孔尺寸。

3. 1. 20

浮煤样　float sample of coal

经一定密度的重液分选,浮在上部的煤样。

3. 1. 21

沉煤样　sink sample of coal

经一定密度的重液分选,沉在下部的煤样。

3. 1. 22

试验室煤样　laboratory sample of coal

由总样或分样缩制的送往试验室供进一步制备的煤样。

3. 1. 23

一般分析试验煤样　general analysis test sample of coal

空气干燥煤样

破碎到粒度小于 $0.2\,mm$,并达到空气干燥状态,用于大多数物理和化学特性测定的煤样。

3. 1. 24

煤标准物质　certified reference-materials of coal

附有证书的煤标准物质,其一种或多种特性值用建立了溯源性的程序确定,使之可溯源到准确复现的用于表示该特性值的计量单位,而且每个标准值都附有给定置信水平的不确定度。

3. 1. 25

专用无烟煤　special anthracite

专门用于测定黏结指数或罗加指数、其技术指标达到规定要求的无烟煤。

3. 1. 26

制样　sample preparation

试样达到分析或试验状态的过程,主要包括破碎、混合和缩分,有时还包括筛分和空气干燥,它可以分为几个阶段进行。

3.1.27

试样破碎   sample reduction

用破碎或研磨的方法减小试样粒度的过程。

3.1.28

试样混合   sample mixing

将试样混合均匀的过程。

3.1.29

试样缩分   sample division

将试样分成有代表性的、分离的几部分的制样过程。

3.1.30

定质量缩分   fixed mass division

保留的试样质量一定、并与被缩分试样质量无关的缩分方法。

3.1.31

定比缩分   fixed ratio division

以一定的缩分比,即保留的试样量和被缩分的试样量成一定比例的缩分方法。

3.1.32

堆锥四分法   coning and quartering method

把煤样从顶端均匀分布,堆成一个圆锥体,再压成厚度均匀的圆饼,并分成四个相等的扇形,取其中相对的扇形部分作为试样的缩分方法。

3.2

煤质分析术语

3.2.1

工业分析   proximate analysis

水分、灰分、挥发分和固定碳四个项目分析的总称。

3.2.2

外在水分   free moisture；surface moisture

M_f

在一定条件下煤样与周围空气湿度达到平衡时所失去的水分。

3.2.3

内在水分　inherent moisture

M_{inh}

在一定条件下煤样与周围空气湿度达到平衡时所保持的水分。

3.2.4

全水分　total moisture

M_t

煤的外在水分和内在水分的总和。

3.2.5

一般分析试验煤样水分　moisture in the general analysis test sample

M_{ad}

空气干燥煤样水分(被取代)

在规定条件下测定的一般分析煤样水分。

3.2.6

最高内在水分　moisture holding capacity

MHC

煤样在温度 30 ℃、相对湿度 96％下达到平衡时测得的内在水分。

3.2.7

化合水　water of constitution

与矿物质结合的、除去全水分后仍保留下来的水分。

3.2.8

矿物质　mineral matter

MM

煤中无机物质,不包括游离水,但包括化合水。

3.2.9

灰分　ash

A

煤样在规定条件下完全燃烧后所得的残留物。

3.2.10

外来灰分 extraneous ash

由煤炭生产过程混入煤中的矿物质所形成的灰分。

3.2.11

内在灰分 inherent ash

由原始成煤植物中的和由成煤过程进入煤层的矿物质所形成的灰分。

3.2.12

碳酸盐二氧化碳 carbonate carbon dioxide

CO_2

煤中以碳酸盐形态存在的二氧化碳。

3.2.13

挥发分 volatile matter

V

煤样在规定条件下隔绝空气加热,并进行水分校正后的质量损失。

3.2.14

焦渣特征 char residue characteristic

CRC

煤样在测定挥发分后的残留物的黏结、结焦性状。

3.2.15

固定碳 fixed carbon

FC

从测定挥发分后的煤样残渣中减去灰分后的残留物,通常由 100 减去水分、灰分和挥发分得出。

3.2.16

燃料比 fuel ratio

FC/V

煤的固定碳和挥发分之比。

3.2.17

有机硫 organic sulfur

S_o

与煤的有机质相结合的硫,实际测定中以全硫减去硫铁矿硫和硫酸盐硫得出。

3.2.18

无机硫　inorganic sulfur;mineral sulfur

矿物质硫

煤中矿物质内的硫化物硫、硫铁矿硫、硫酸盐硫和单质硫的总称。

3.2.19

单质硫　elemental sulfur

元素硫

S_e

煤中以游离状态赋存的硫。

3.2.20

全硫　total sulfur

S_t

煤中无机硫和有机硫的总和。

3.2.21

硫铁矿硫　pyritic sulfur

S_P

煤的矿物质中以黄铁矿或白铁矿形态存在的硫。

3.2.22

硫酸盐硫　sulfate sulfur

S_S

煤的矿物质中以硫酸盐形态存在的硫。

3.2.23

固定硫　fixed sulfur

煤热分解后残渣中的硫。

3.2.24

真相对密度　true relative density

TRD

真比重(被取代)

在 20 ℃时煤(不包括煤的孔隙)的质量与同体积水的质量之比。

3.2.25

视相对密度　apparent relative density

ARD

视比重(被取代)

容重(被取代)

在 20 ℃时煤(包括煤的孔隙)的质量与同体积水的质量之比。

3.2.26

散密度　bulk density

堆密度

堆比重(被取代)

在规定条件下,单位体积散状煤的质量。

3.2.27

块密度　density of lump

体重(被取代)

整块煤的单位体积质量。

3.2.28

孔隙率　porosity

孔隙度(被取代)

煤的毛细孔体积与煤的视体积(包括煤的孔隙)的百分比。

3.2.29

发热量　calorific value

单位质量的煤燃烧后产生的热量。

3.2.30

元素分析　ultimate analysis

碳、氢、氧、氮、硫五个煤炭分析项目的总称。

3.2.31

灰成分分析　ash analysis

灰的元素组成(通常以氧化物表示)分析。

3.2.32

着火温度 ignition temperature

着火点

煤释放出足够的挥发分与周围大气形成可燃混合物的最低燃烧温度。

3.2.33

结焦性 coking property

煤经干馏形成焦炭的性能。

3.2.34

黏结性 caking property

煤在干馏时黏结其本身或外加惰性物质的能力。

3.2.35

塑性 plastic property

煤在干馏时形成的胶质体的黏稠、流动、透气等性能。

3.2.36

膨胀性 swelling property

煤在干馏时体积发生膨胀或收缩的性能。

3.2.37

胶质层指数 plastometer indices

由萨波日尼柯夫提出的一种表征烟煤塑性的指标,以胶质层最大厚度 Y 值,最终收缩度 X 值等表示。

3.2.38

胶质层最大厚度 maximum thickness of plastic layer

Y

烟煤胶质层指数测定中利用探针测出的胶质体上、下层面差的最大值。

3.2.39

胶质层体积曲线 volume curve of plastic layer

烟煤胶质层指数测定中所记录的胶质体上部层面位置随温度变化的曲线。

3.2.40

最终收缩度 final contraction value plastometric shrinkage

X

烟煤胶质层指数测定中温度 730 ℃时,体积曲线终点与零点线的距离。

3.2.41

罗加指数　Roga index

R.I

由罗加提出的煤的黏结力的量度,以在规定条件下,煤与标准无烟煤完全混合并碳化后所得焦炭的机械强度来表征。

3.2.42

黏结指数　caking index

G 指数

$G_{R.I.}$

由中国提出的煤的黏结力的量度,以在规定条件下烟煤与专用无烟煤完全混合并碳化后所得焦炭的机械强度来表征。

3.2.43

坩埚膨胀序数　crucible swelling number

CSN

自由膨胀指数(被取代)

以在规定条件下煤在坩埚中加热所得焦块膨胀程度的序号表征。

3.2.44

奥阿膨胀度　Audiberts-Arnu dilation

由奥迪贝尔和阿尼二人提出的煤的膨胀性和塑性的量度,以膨胀度 b 和收缩度 a 等参数表征。

3.2.45

吉氏流动度　Gieseler fluidity

基斯勒流动度(被取代)

由吉泽勒提出的烟煤塑性的量度,以最大流动度等表征。

3.2.46

格金干馏试验　Gray-King assay

葛-金干馏试验(被取代)

由格雷和金二人提出的煤低温干馏试验方法,用以测定热分解产物收率和焦型。

3.2.47

铝甑干馏试验　Fisher Schrader assay

由费希尔和施拉德二人提出的低温干馏试验方法，用以测定焦油、半焦、热解水收率。

3.2.48

落下强度　shatter strength

SS

机械强度(被取代)

抗碎强度(被取代)

煤炭抗破碎能力的量度，以在规定条件下，一定粒度的煤样自由落下后大于 25 mm 的块煤占原煤样的质量分数表示。

3.2.49

热稳定性　thermal stability

TS

煤炭受热后保持规定粒度能力的量度，以在规定条件下，一定粒度的煤样受热后大于 6 mm 的颗粒占原煤样的质量分数表示。

3.2.50

煤对二氧化碳的反应性　carboxy reactivity

α

煤与二氧化碳反应能力的量度，以在规定条件下煤将二氧化碳还原为一氧化碳的质量分数表示。

3.2.51

结渣性　clinkering property

Clin

煤在气化或燃烧过程中，煤灰受热、软化、熔融而结渣的性能的量度，以一定粒度的煤样燃烧后，大于 6 mm 的渣块占全部残渣的质量分数表示。

3.2.52

可磨性　grindability

在规定条件下，煤研磨成粉的难易程度。

3.2.53

哈氏可磨性指数 **Hardgrove grindability index**

哈德格罗夫可磨性指数

HGI

由哈德格罗夫提出的煤研磨成粉难易程度的量度,以在规定条件下,一定粒度的煤用哈氏可磨性测定仪研磨后,与小于 0.071 mm 粒度的试样量相对应的可磨性指数表示。

3.2.54

磨损性指数 **abrasion index**

AI

煤磨碎时对金属件的磨损能力的量度,以在规定条件下磨碎 1 kg 煤对特定金属件磨损的毫克数表示。

3.2.55

灰熔融性 **ash fusibility**

灰熔点(被取代)

在规定条件下得到的随加热温度而变化的煤灰变形、软化、呈半球状和流动特征物理状态。

3.2.56

变形温度 **deformation temperature**

DT

T1(被取代)

在灰熔融性测定中,灰锥尖端(或棱)开始变圆或变曲时的温度。

3.2.57

软化温度 **softening temperature**

ST

T2(被取代)

在灰熔融性测定中,灰锥弯曲至锥尖触及托板或灰锥变成球体时的温度。

3.2.58

半球温度 **hemispherical temperature**

HT

在灰熔融性测定中,灰锥形状变至近似半球形,即高约等于底长的一半时的温度。

3.2.59

流动温度　flow temperature

FT

T3(被取代)

在灰熔融性测定中,灰锥熔化展开成高度小于 1.5 mm 的薄层时的温度。

3.2.60

灰黏度　ash viscosity

煤灰在熔融状态下对流动阻力的量度。

3.2.61

碱/酸比　base/acid ratio

煤灰中碱性组分(铁、钙、镁、锰等的氧化物)与酸性组分(硅、铝、钛的氧化物)之比。

3.2.62

沾污指数　fouling index;fouling factor

R_f

一般为灰的碱/酸比乘灰中 Na_2O 值。

3.2.63

透光率　transmittance

PM

煤在规定条件下用硝酸与磷酸的混合液处理后所得溶液的透光百分率,本指标适用于褐煤和低煤阶烟煤。

3.2.64

酸性基　acidic groups

煤中呈酸性的含氧官能团的总称,主要为羧基和酚羟基。

3.2.65

褐煤蜡　lignite wax;montan wax

蒙旦蜡

褐煤经苯、甲苯、乙醇或汽油等有机溶剂萃取所得的蜡状物。

3.2.66

腐植酸 humic acid

HA

煤中能溶于稀苛性碱和焦磷酸钠溶液的一组高分子量的多元有机、无定形化合物的混合物。

3.2.67

原生腐植酸 primary humic acid

成煤过程中形成的腐植酸。

3.2.68

次生腐植酸 secondary humic acid

再生腐植酸

煤经氧化(包括风化)而形成的腐植酸。

3.2.69

黄腐植酸 fulvic acid

一组分子量较小的腐植酸,抽提物一般呈黄色,能溶于水、稀酸和碱溶液。

3.2.70

棕腐植酸 Hymatomalenic acid

一组分子量较大的腐植酸,抽提物一般呈棕色,能溶于稀苛性碱溶液和丙酮,不溶于稀酸。

3.2.71

黑腐植酸 Pyrotomalenic acid

一组分子量大的腐植酸,抽提物一般呈黑色,能溶于稀苛性碱溶液,不溶于稀酸和丙酮。

3.2.72

游离腐植酸 free humic acid

HA$_f$

酸性基保持游离状态的腐植酸,可溶于稀苛性碱溶液,在实际测定中包括与钾、钠结合的腐植酸。

3.2.73

结合腐植酸 combined humic acid

HAc

酸性基与金属离子结合的腐植酸。在实际测定中,不包括与钾、钠结合的腐植酸。

3.2.74

苯萃取物　benzene soluble extracts

EB

褐煤中能溶于苯的部分,主要成分为蜡和树脂。

3.2.75

相对氧化度　relative degree of oxidation

煤的相对氧化程度,以规定条件下煤样的碱提取液的透光率表示,可分为未氧化、可能氧化和已氧化三种。

3.2.76

煤中微量元素　trace element in coal

煤中痕量元素(被取代)

煤中微量存在的元素。如锗、镓、钍、钒、锌、硒、砷、汞、铅等。

3.2.77

煤中有害元素　harmful element in coal

煤中对人和生态有害的元素。如硫、磷、氮、氟、砷、硒、镉、汞、铅等。

3.2.78

煤中放射性元素　radioactive element in coal

存在于煤中的放射性元素。如镭、铀等。

3.2.79

水煤浆浓度　concentration of coal water mixture

固体煤炭质量占水煤浆总质量的百分比。

3.2.80

水煤浆表观黏度　apparent viscosity of coal water mixture

在某一剪切速率下,水煤浆在两个平行平面间受剪切,单位接触面积上法向梯度为1时,由于流体黏性所引起的内摩擦力(或称剪力)的大小即为水煤浆在该剪切速率下的表观黏度。

3.2.81

水煤浆稳定性　**stability of coal water mixture**

水煤浆在一定条件下保持其物性均匀的一种性质,它可分为水煤浆动态稳定性和水煤浆静态稳定性两类。

3.3

煤质分析结果中基的表示术语

3.3.1

收到基　**as received basis**

ar

应用基(被取代)

以收到状态的煤为基准。

3.3.2

空气干燥基　**air dried basis**

ad

分析基(被取代)

与空气湿度达到平衡状态的煤为基准。

3.3.3

干燥基　**dry basis**

干基

d

以假想无水状态的煤为基准。

3.3.4

干燥无灰基　**dry ash-free basis**

daf

可燃基(被取代)

以假想无水、无灰状态的煤为基准。

3.3.5

干燥无矿物质基　**dry mineral-free basis**

dmf

有机基(被取代)

以假想无水、无矿物质状态的煤为基准。

3.3.6

恒湿无灰基　moist ash-free basis

maf

以假想含最高内在水分、无灰状态的煤为基准。

3.3.7

恒湿无矿物质基　moist mineral-free basis

mmf

以假想含量最高内在水分、无矿物质状态的煤为基准。

4　煤炭加工和利用术语

4.1

洁净煤技术　clean coal technology

CCT

在煤炭开发和利用中旨在减少污染和提高效率的加工、燃烧、转化和污染控制等新技术的总称。

4.2

煤炭加工　coal processing

以物理方法为主对煤炭进行加工。

4.3

选煤　coal preparation

将煤炭经机械处理减少非煤物质,并按需要分成不同质量、规格的煤炭产品的加工过程。

4.4

煤炭筛分　coal screening

使不同粒度的煤炭通过筛面按粒度分成不同粒级的作业。

4.5

煤炭分选　coal cleaning

利用密度或表面性质的不同,来降低原料煤杂质成分的加工过程。

4.6

配煤　coal blending

两种或几种品质不同的煤按一定比例混合均匀以满足特定生产需求的工艺过程。

4.7

动力配煤　steam coal blending

根据工业生产的需求,按照科学计算或由燃烧试验获得的配煤比,把两种或几种不同品质的动力煤均匀地混合在一起或根据环保需求配入添加剂,生产一种新的动力煤产品的工艺过程。

4.8

炼焦配煤　coal blending for coking

将两种或几种结焦性、黏结性、挥发分、灰分和硫分等品质不同的煤按一定比例混合均匀以满足炼焦生产需求的工艺过程。

4.9

配煤入选　blended raw coal preparation
均质化入选

把不同质量、不同特性的原料煤按产品目标要求,以不同比例混合均匀进行分选从而使产品的灰分、硫分、结焦性和发热量等指标达到稳定并使煤炭质量符合用户要求的一种方法。

4.10

水煤浆技术　coal water mixture technique

旨在利用水煤浆在电站锅炉、工业锅炉和窑炉上燃烧的涉及多门学科的系统技术,它主要包括水煤浆制备、燃烧和储运等关键技术。

4.11

煤炭燃烧　coal combustion

煤炭在一定的设备(如锅炉、窑炉、民用炉和灶具等)中通入空气或富氧空气产生剧烈的氧化反应后获得热量并同时产生灰渣和排出二氧化碳、一氧化碳、二氧化硫、氮氧化物和水蒸气等过程。

4.12

煤化工转化　coal chemical conversion

以化学方法为主将煤炭转化为洁净的燃料或化工产品,包括煤炭气化、煤炭液化、煤炭焦化等。

4.13

煤炭脱硫　coal desulfurization

煤炭通过物理、化学、物理化学或生物化学等方式降低煤中的硫分的过程。

4.14

煤炭焦化　coal carbonization

煤炭高温干馏

煤在炼焦炉中的高温下保持一定时间后炼制焦炭,同时获得煤焦油、煤气和回收其他化学产品的过程。

4.15

低温干馏　lower-temperature carbonization for coal

煤在 550 ℃温度下保持一定时间后热分解的过程。

4.16

煤炭气化　coal gasification

在一定的温度、压力条件下,用气化剂将煤中的有机物转变为煤气的过程。主要包括移动床气化、流化床气化、气流床气化、熔融床气化。

4.17

移动床气化　moving-bed gasification；fix-bed gasification

固定床气化(被取代)

煤料靠重力下降与气流逆向接触的气化过程,即气化剂以较低速率由下而上通过炽热的煤床层并反应产生煤气的方法。按照气化炉的操作压力一般可分为常压和加压移动床气化。

4.18

流化床气化　fluidized-bed gasification

沸腾床气化(被取代)

向上移动的气流使粒度为 0～10 mm 的小颗粒煤在空间呈沸腾状态的气化过程。

4.19

气流床气化　entrained flow gasification

载流床气化(被取代)

夹带床气化(被取代)

气体介质夹带煤粉并使其处于悬浮状态的气化过程,煤料在高于其灰熔点的温度下与气化剂发生燃烧反应和气化反应,灰渣以液态形式排出气化炉。

4.20

熔融床气化 molten bath gasification

熔浴床气化(被取代)

煤料与空气或氧气随同蒸汽与床层底部呈熔融态的铁、灰或盐相接触的气化过程。

4.21

煤炭液化 coal liquefaction

固体状态的煤炭通过一系列复杂的化学加工过程,使其转化成液体燃料、化学产品或化工原料的洁净煤技术。

4.22

煤炭直接液化 coal direct liquefaction

煤炭在高压、高温和催化剂的作用下与氢气进行加氢反应从而直接转化为液体油品的工艺技术。

4.23

煤炭间接液化 coal indirect liquefaction

煤炭在高温下与氧气和水蒸气进行煤气化反应产生以一氧化碳和氢气为主的合成煤气,然后再在催化剂的作用下合成为液体燃料的工艺技术。

4.24

煤-油共炼 coal-oil co-process

煤与石油重质馏分经化学加工成为液体燃料的工艺技术。

4.25

煤基活性炭 coal-based activated carbon

以煤为原料生产的以炭为主体且具有良好吸附性能的一种广谱吸附剂。

4.26

煤制炭素材料 coal-based carbon material

以煤为原料生产的具有许多独特性质的一类高炭材料。

4.27

煤成气　coal gas

含煤岩系中有机质在成煤过程中形成的以甲烷为主的天然气。

4.28

煤层气　coal bed methane；coal bed gas

煤层瓦斯

CBM

以吸附、游离状态赋存于煤层及其围岩中的煤成气。

4.29

高炉喷吹　pulverized coal injection；grained coal injection

PCI；GCI

将粉煤、粒煤或重油（或油煤浆、焦油煤浆）从风口随热风喷入高炉以代替部分焦炭的技术。

4.30

循环流化床燃烧　circulating fluidized-bed combustion

CFBC

使煤处于流态化循环燃烧的技术。

4.31

增压流化床燃烧　pressured fluidized bed combined cycle

PFBC；PFB-CC

使煤处于流态化循环增压燃烧的技术。

4.32

整体煤气化联合循环技术　integrated coal gasification combined cycle

IGCC

把煤气化技术、煤气净化技术与高效的燃气循环发电技术结合起来，可大幅度提高发电效率，同时又能解决燃煤污染排放控制的问题。

4.33

煤气净化　gas purification

脱除煤气中飞灰、焦油、萘、氨、硫化氢等杂质的过程。

4.34

烟气净化 flue gas purification

治理煤炭燃烧产生的烟气中的有害物质（包括灰尘、二氧化硫、氮氧化物等）的过程。

4.35

烟气脱硫 flue gas desulfurization

FGD

脱除煤炭燃烧产生的烟气中二氧化硫的工艺过程。

4.36

废弃物处理 waste disposal

指对煤炭开采和利用过程中所产生的不再需要或暂时没有利用价值或暂时未找到较好的处理方法而被遗弃的固态或半固态物质（如矸石、煤泥、矿井水及燃煤电站所产生的粉煤灰等）进行处理。

附加说明：

本标准对应于 ISO 1213-2:1992《固体矿物燃料 术语 第 2 部分：采样、测试和分析术语》（英文版），与 ISO 1213-2:1992 的一致性程度为非等效。

本标准代替 GB/T 3715—1996《煤质及煤分析有关术语》。

与 GB/T 3715—1996 相比，本标准主要作了如下补充和修改：

——按 GB/T 1.1 及 GB/T 20001.1 的要求，对标准的编写格式进行了相应
    修改。

——删除了 GB/T 3715—1996 中的"2 引用标准"和"3.7 煤质分析常用
    数理统计术语"的内容。

——本标准中，术语分为 3 部分，即"2 煤质术语""3 煤炭分析术语"和"4
    煤炭加工和利用术语"，并对相应的章节进行了调整，其中"4 煤炭
    加工和利用术语"为新增的内容；"煤质术语"中的"2.1 煤及其产品术
    语"中删除"粒度"术语，新增"混粒煤、动力煤、冶炼用炼焦精煤、喷吹
    煤、炉排煤、型煤、工业型煤、水煤浆"等术语；"煤炭分析术语"中删除
    "煤质分析常用数理统计术语"。新增"煤中微量元素、煤中有害元素、
    煤中放射性元素、水煤浆表观黏度、水煤浆稳定性、质量基采样、时间基

采样"等术语。

——对部分术语的定义讲行了修改。

本标准由中国煤炭工业协会提出。

本标准由全国煤炭标准化技术委员会归口。

本标准起草单位:煤炭科学研究总院北京煤化工研究分院、煤炭科学研究总院煤炭分析实验室。

本标准主要起草人:罗陨飞、傅从、施玉英、姜英、陈亚飞、韩立亭。

本标准所代替标准的历次版本发布情况为:

——GB/T 3715—1983;

——GB/T 3715—1991;

——GB/T 3715—1996。

中华人民共和国国家标准

选 煤 术 语

Terms relating to coal preparation

GB/T 7186—2008

代替 GB/T 7186—1998

1 范围

本标准规定了选煤有关术语及其英文译名和定义。

本标准适用于有关标准、文件、教材、书刊和手册。

2 规范性引用文件

下列文件中的条款通过本标准的引用而成为本标准的条款。凡是注日期的引用文件,其随后所有的修改单(不包括勘误的内容)或修订版均不适用于本标准,然而,鼓励根据本标准达成协议的各方研究是否可使用这些文件的最新版本。凡是不注日期的引用文件,其最新版本适用于本标准。

GB/T 3715 煤质及煤分析有关术语(GB/T 3715—1996,ISO 1213-2: 1992,NEQ)

GB/T 17608 煤炭产品品种和等级划分

GB/T 19833 选煤厂煤伴生矿物泥化程度测定(GB/T 19833—2005,ISO 10753:1994,Coal preparation plantassessment of the liability to breakdown in water of materials associated with coal seams,IDT)

3 基本术语 General

3.1

选煤一般术语 General coal preparation terms

3.1.1

选煤(总称) coal preparation

通常采用物理或机械的方法对煤炭进行加工,使其满足某种特殊用途的过

程。

注:泛指选煤的总称。

3.1.2

毛煤　run of mine; R. O. M. coal

煤矿直接生产出来,未经过任何筛分、破碎和分选的煤。

3.1.3

原煤　raw coal

仅可能经过筛分或破碎处理的煤。

3.1.4

原料煤　raw coal feed

供给选煤厂或选煤设备以便用某种方式加工处理的煤。

3.1.5

选煤(专称)　coal cleaning

利用密度或表面特性的不同,来降低原料煤杂质成分的加工过程。

注:专指分选作业。

3.1.6

精煤　cleaned coal; clean coal

经过干法或湿法分选获得的低密度产物。

3.1.7

中煤　middlings

经精选得到的、品质介于精煤和矸石之间的产物。

注:由于中煤的相对密度也介于精煤和矸石之间,故中煤可以进行再处理。

3.1.8

纯中煤　true middlings; bone

质地非常均匀,不易通过破碎和再选来改善其质量的中煤。

3.1.9

假中煤　false middlings; interb anded middlings

颗粒由煤和页岩生成的连生体,并可通过破碎将煤解离出来的中煤。

3.1.10

矸石　reject; refuse

从原料中选出的可再处理或排弃的高灰分物料。

3.1.11

废矸　discard;dirt;stone

从原煤中选出的最终排弃物。

3.1.12

再循环　recirculation

在一个作业中,把全部或部分产物返回到该作业给料的过程。例如:筛分机的筛上物经破碎后,返回到筛分机的给料中再进行筛分。

3.1.13

外来煤　foreign coal

从选煤厂煤源以外而来的煤。

3.1.14

进口煤　imported coal

主要指从国外来的煤。

3.1.15

低质煤　low-grade coal

由于其特性(例如灰分)不符合要求,只具有有限用途的可燃物。

3.1.16

析离　segregation

散装物料堆积时,不同物理特性(如颗粒粒度或相对密度)颗粒的自然分离。

3.1.17

选煤厂　coal preparation plant

对煤炭进行分选加工,生产不同质量、规格产品的加工厂。

3.1.18

矿井选煤厂　pithead coal preparation plant

厂址位于煤矿工业场地内,只入选该矿所产毛(原)煤的选煤厂。

3.1.19

群矿选煤厂　groupmine's coal preparation plant

厂址位于某一座煤矿工业场地内,可同时入选该矿及附近煤矿所产毛(原)煤的选煤厂。

3.1.20

矿区选煤厂 mine field coal preparation plant

在煤矿矿区范围内,厂址设在单独的工业场地上,入选该矿区毛(原)煤的选煤厂。

3.1.21

中心选煤厂 central coal preparation plant

厂址设在矿区范围以外独立的工业场地上,入选外来毛(原)煤的选煤厂。

3.1.22

用户选煤厂 user's coal preparation plant

厂址设在用户(如焦化厂等)工业场地的选煤厂。

3.1.23

筛选厂 sizing plant

对煤进行筛选加工,生产不同粒级产物的加工厂。

3.1.24

分选作业 separation process

降低矿物质和其他杂质的含量,提高煤炭质量的加工作业。

3.1.25

辅助作业 auxiliary process

与分选作业相联系,基本上不改变所加工煤炭质量的作业。

3.1.26

粒度 size

物料颗粒的大小。

3.1.27

入料上限 top size

最大给料粒度。

3.1.28

入料下限 lower size

最小给料粒度。

3.1.29

可见矸石 visible refuse

粒度＞50 mm 的矸石。

3.1.30

手选矸石 hand picked refuse

用人工方法由原料煤中拣选出的矸石。

3.2

分选特性 Cleaning characteristics

3.2.1

可选性 washability

通过分选改善煤质的可处理性,一般用相对密度/灰分关系来描述。

3.2.2

浮沉试验 float-and-sink analysis

将煤样用不同密度的重液分成不同的密度级,并测定各密度级产物的产率和特性。其特性一般以灰分表示(必要时也可表示其他特性)。

3.2.3

可选性曲线 washability curve

根据浮沉试验结果绘制的一组曲线,从中可读出浮物或沉物等产物的理论产率等。

注:可选性曲线主要包含下列 5 条曲线:

——灰分特性曲线(λ);

——浮物累计曲线(β);

——沉物累计曲线(θ);

——密度(相对密度)曲线(δ);

——邻近密度物曲线($\delta\pm0.1$)。

3.2.4

灰分特性曲线 characteristic ash curve

根据浮沉试验结果绘制的,用来表示在任一产率下浮物(或沉物)中最高(或最低)密度物的灰分值。纵坐标(垂直轴)是产率、横坐标(水平轴)是灰分值。

3.2.5

累计曲线 cumulative curve

表示逐个密度级或粒度级累计结果的曲线。

3.2.6

浮物累计曲线　cumulative floats curve

根据浮沉试验结果绘制,用来表示各密度级浮物累计产率与加权平均灰分关系的曲线。

3.2.7

沉物累计曲线　cumulative sinks curve

根据浮沉试验结果绘制,用来表示各密度级沉物累计产率与加权平均灰分关系的曲线。

3.2.8

密度曲线　densimetric curve

相对密度曲线　relative density curve

根据浮沉试验结果绘制,用来表示浮物或沉物累计产率与相对密度之间关系的曲线。

3.2.9

邻近密度物曲线　near-density curve

难度曲线　difficulty curve

根据浮沉试验结果绘制(或从相对密度曲线上查得),表示邻近密度物含量(±0.1范围)与该密度关系的曲线。

3.2.10

性能曲线　performance curve

用以表示煤炭特性与专门加工处理结果的关系曲线。

3.2.11

实际性能曲线　actual performance curve

表示选煤加工处理实际结果的性能曲线。

3.2.12

预期性能曲线　expected performance curve

表示选煤加工处理预期结果的性能曲线。

3.2.13

M-曲线　M-curve

迈尔曲线　Mayer curve

用矢量图解法绘制的,表示煤炭可选性的一种累计灰分与累计产率之间关系的曲线,矢量的投影代表产物的产率,矢量的方向代表该产物中某一成分的含量。

3.2.14

灰分/相对密度曲线 ash/relative density curve

根据浮沉试验结果绘制的,表示逐个密度级的灰分与相应的平均相对密度级之间关系的曲线。

3.2.15

分选粒级 size range of separation

进入分选作业的原料煤中最大到最小粒度范围。

3.2.16

密度级 densimetric fractions;density fractions

以不同密度所划分的范围。

3.2.17

密度组成 densimetric consist;density consist

各密度级产物的质量分布。

3.2.18

分选密度±0.1 含量法 classification of washability based on $\delta\pm0.1$ near-density material

以邻近密度物含量的多少,评定煤炭可选性的一种方法。

3.2.19

中间煤含量法 classification of washability based on middling

以高、低两种分选密度间的中间煤含量的多少评定煤炭可选性的一种方法。

3.2.20

泥化 degradation in water

矸石或煤浸水后碎散成细泥的现象。

3.2.21

煤泥(粉)浮沉试验 fine coal float-and-sink test;fine coal float-and-sink analysis

在离心力场中对煤泥(粉)进行的浮沉试验。

3.2.22

可浮性　flotability

通过浮选提高煤粉（泥）质量的难易程度。

3.3

能力与通过量　Capacity and throughput

3.3.1

额定能力　nominal capacity

一种理论指标,以单位质量表示,用于流程图的图表及选煤厂的总说明中,供选煤厂考虑全盘或某特定产物时采用。

3.3.2

生产能力　operational capacities

考虑了给料量和组成（如粒度和杂质含量）的波动,标在工艺流程图上的,用来表示单位时间通过选煤厂各个作业的数量。

3.3.3

设计能力　design capacity

在特定给料性质范围内,能满足或达到要求性能和指标的前提下,选煤厂各专用设备连续运转时的给料量。

3.3.4

最大设计能力　peak design capacity

在不能满足或达到要求性能和指标的前提下,选煤厂各专用设备在短时间内所能承受的,超过设计能力的给料量。

3.3.5

设备最大能力　mechanical maximum capacity

受入料品种和质量的影响,在工作性能得不到保证的前提下,各设备所能承受的最大给料量。

3.3.6

原料　feed

供给选煤厂或设备处理的物料。

3.3.7

原则流程图　basic flowsheet

按选煤加工顺序,表明工艺过程中各作业间相互联系的示意图。

3.3.8

工艺流程图　process flowsheet

一种表示选煤厂各个作业及各作业之间物料流向,并标明数、质量关系和最终产品的原则流程图。

3.3.9

设备流程图　equipment flowsheet

用图示符号表示选煤厂内各生产作业所使用的设备及其相互联系的系统图。

3.3.10

物料流程图　materials flowsheet

主要表示固体物料量的流程图

3.3.11

液体流程图　liquids flowsheet

表示通过各作业液体流量的流程图。

3.3.12

质量流程图　weighted flowsheet

能力流程图　capacity flowsheet

用于选煤厂设计的物料流程图,它包括说明选煤厂主要作业点的小时通过量。

3.3.13

处理能力　capacity

选煤厂或某车间、设备,单位时间加工原料煤的能力。

3.3.14

单位处理能力　unit capacity

选煤设备按单位工作面积、单位宽度或单位容积计算的处理能力。

4　分级　Sizing

4.1

一般术语　General

4. 1. 1

分级(泛指粒度分级) **sizing**

将物料分成若干个标准粒级的作业。

4. 1. 2

分级(专指沉降分级) **classification**

控制不同粒度、密度和形状的物料在流动介质中的沉降速度,使其分成若干粒级。

4. 1. 3

筛分试验 **size analysis**

为了解煤的粒度组成和各粒级产物的特性而进行的筛分和测定。各粒级的数质量均用占全样的百分数来表示。

4. 1. 4

小筛分 **sieve analysis**

对粒度小于 0.5 mm 的物料进行的筛分试验。

4. 1. 5

平均粒度 **mean size**

任一试样,或一批特定颗粒的物料其粒度大小的加权平均值。

注:计算平均粒度有几种方法,对同一粒度组成得出的结果大不相同,因此每当报告平均粒度的结果时,都应说明其计算方法。

4. 1. 6

额定粒度 **nominal size**

限制粒度 **limiting size**

用来描述分级作业产物颗粒的粒度或限制。

4. 1. 7

筛上粒 **oversize**

筛分产物中大于额定粒度上限的颗粒,可用占产物的百分数表示。

4. 1. 8

筛下粒 **undersize**

筛分产物中小于额定粒度下限的颗粒,可用占产物的百分数表示。

4.1.9

粉尘　dust

粒度细到足以在空气中悬浮的固体物料颗粒（也可参见 6.4）。

4.1.10

粉煤　fines；fine coal

通常指粒度<6 mm 的煤。

4.1.11

末煤　smalls；slack coal

通常指粒度<25 mm 或<13 mm 的煤。

4.1.12

粒级煤　sized coal

煤通过筛选或洗选生产的、粒度下限大于 6 mm 的产品煤。

4.1.13

块煤　lump coal

粒度>13 mm 的各粒级煤的总称。

4.1.14

粒度组成　size consist；gradation composition

各粒级物料的质量分布。

4.1.15

粒级　size fraction；grade

一定粒度的范围。

4.1.16

自然级　size fractions of raw coal

未经破碎的原料煤的筛分粒级。

4.1.17

破碎级　size fractions of crushed coal

块煤经破碎后的筛分粒级。

4.2

筛分　Screening

4.2.1

筛分　screening

物料通过设有筛孔的筛面,部分留在筛面,部分从筛孔穿过,从而实现不同粒度的固体物料的分离。

4.2.2

筛分机　screen

(1)完成筛分作业的设备。

(2)一般用筛面形式加以简称,如编织筛。

4.2.3

振幅　amplitude

在振动时,偏离中心位置的最大位移。

注:当筛子作直线或椭圆运动时,其振幅为总行程或椭圆长轴的一半,当作圆周运动时,其振幅为圆的半径。

也可参见行程(4.2.4)。

4.2.4

行程　stroke;throw

振动或摆动的两个极限端点之间的距离,即行程等于振幅的两倍。

4.2.5

孔径　aperture size

筛面上开孔尺寸的大小,通常还指明其孔形,如"圆孔""方孔""长条孔"。

4.2.6

干法筛分　dry screening

不借助于水的作用,对不同粒度的固体物料进行的筛分。

4.2.7

湿法筛分　wet screening

借助于水的作用,对不同粒度的固体物料进行的筛分。

4.2.8

概率筛分　probability screening

应用颗粒通过筛孔概率原理的一种筛分方法,此方法允许在小颗粒筛分时用较大的筛孔。

4.2.9

脱泥　desliming

无论用何种方法，从煤或煤水混合物中除去煤泥的作业。

4.2.10

脱粉　fines removal

用湿法或干法脱出入料中粉煤的作业。

4.2.11

脱尘　dedusting

用干法脱除粉尘的作业。

4.2.12

筛上物　screen overflow

给料中未透过筛孔而从筛面上排走的那部分物料。

4.2.13

错配筛下粒　misplaced undersize

筛上物中小于额定筛孔尺寸的颗粒。

4.2.14

筛下物　screen underflow

给料中透过筛孔的那部分物料。

4.2.15

错配筛上粒　misplaced oversize

筛下物中大于额定筛孔尺寸的颗粒。

4.2.16

错配物(筛分)　misplaced material(screening)

筛上物中含有的筛下粒，或筛下物中含有的筛上粒。

4.2.17

邻近筛孔物　near-mesh material；near-size material

难筛物

粒度接近筛面孔径的物料，通常在孔径的±25%范围之内。

4.2.18

额定面积(筛子)　nominal area(screen)

承受物料流的筛面总面积。

4.2.19

有效面积(筛子) **effective area(screen)**

工作面积 **working area**

筛子的额定面积减去阻碍物料通过或透过筛面的固定件和支撑物所占据的面积。

4.2.20

开孔率 **open area**

筛孔总面积与筛面额定面积之比,以百分数表示。

4.2.21

标准筛 **sieve**

(1)泛指:面积相对较小的筛分机。

(2)专指:用于筛分试验的筛分机。

4.2.22

准备筛分 **preliminary screening**

预先筛分

按下一工序要求,将原料煤分成不同粒级的筛分。

4.2.23

检查筛分 **control screening**

从产物(例如破碎产品)中分出粒度不合格产品的筛分。

4.2.24

最终筛分 **final screening**

对洗选后的产物进行分级,生产出粒级商品煤的筛分。

4.2.25

等厚筛分 **banana screening**

筛面上的物料层厚度,从入料端到排料端是递增的或不变的一种筛分方法。

4.2.26

气流筛分 **air flow screening**

用空气作动力完成筛分作业的一种筛分方法。通常物料从上部给入,筛面以下有多股气流的"鼓动",促使物料分散,透筛并沿筛面向下运动。

4.2.27

筛孔 screen aperture

筛面上具有一定规格的孔(按孔形可分为圆孔、方孔、长孔、条缝孔等)。

4.2.28

筛序 sieve scale

筛孔大小依次减小的序列。

4.2.29

筛比 sieve ratio

在给定筛序中,两个相邻筛面的筛孔尺寸之比。

4.3

筛分机的部件 parts of screens

4.3.1

筛面 screen deck;screening surface

用于实现筛分作业,具有特定尺寸筛孔的表面。

4.3.2

筛板 screen plate

具有特定尺寸和排列形式的筛孔,用作筛面的金属板等。

4.3.3

筛网 screen cloth;screen mesh

用金属丝以一定方式编制而成的网状物。

4.3.4

楔条筛面 wedge-wire deck;wedge-wire sieve

由相间一定距离的楔形断面金属条组成的筛面,这样筛下物是通过断面渐增的筛孔。

4.3.5

活动棒条筛面 loose-rod deck

由大致平行的,安装成与物料流垂直的棒条所组成的筛面。

注:通常棒条筛面仅用在高速振动筛上。

4.3.6

缓冲筛面 relieving deck

具有大的筛孔,安装在工作筛面之上,用来减轻工作筛面负荷和磨损的筛面。

4.4

按用途分类的筛分机 Screens according to purpose

4.4.1

毛煤筛 run-of-mine screen

将毛煤分成两种或两种以上粒级,以便进一步处理或存放的筛分机。

注:毛煤筛通常用于分出最大块,经破碎后再混入毛煤中。

4.4.2

预先分级筛 primary screen

原煤筛 raw coal screen

把煤炭(通常为原煤)分成多种粒级,使其中部分或全部粒级更适合下一步分选的筛分机。

4.4.3

脱水筛 dewatering screen

使水和固体分离的筛分机。

4.4.4

脱泥筛 desliming screen

通常借助于喷水,从大颗粒中脱除煤泥的筛分机。

4.4.5

煤泥筛 slurry screen

用于回收选煤厂煤泥水中粗粒煤泥的筛分机。

4.4.6

喷洗筛 rinsing screen;spray screen

用喷水脱去细粒固体的筛分机,特别是黏附于大颗粒之间的细粒或重介质。

4.4.7

分级筛(组) sizing screen(s);grading screen(s);classifying screen(s)

通常用于将物料(例如:精煤)分成不同粒级的筛分机(或筛分机组)。

4.4.8

检查筛 guard screen

超粒控制筛 oversize control screen

用于防止大颗粒物料进入设备,影响生产的筛分机。

4.4.9

筛下粒控制筛 undersize control screen

细粒控制筛 breakage screen

用于从产物中脱除过细粒级物料的筛分机。

4.5

按结构原理分类的筛分机 Screens according to principle of construction

4.5.1

单层筛 single-deck screen

只有一层筛面,但其筛孔或孔形不限于一种的筛分机。

4.5.2

多层筛 multi-deck screen

具有两层或两层以上重叠筛面,并牢固地装在同一筛框上的筛分机。

4.5.3

摇动筛 jigging screen;reciprocating screen;shaking screen

筛面水平或稍倾斜,用曲轴和连杆给以水平和垂直综合运动的筛分机。

4.5.4

共振筛 resonance screen

振动频率接近或等于弹性机架固有频率的振动筛。

4.5.5

振动筛 vibrating screen

用机械或电磁的方法使其振动的筛分机。

注:振动筛的振幅较摇动筛小,而频率高于摇动筛。

4.5.6

旋转概率筛 rotation probability screen

由具有径向辐条制成的旋转水平筛面组成,用变化旋转速度来实现物料分离的设备。

4.5.7

滚筒筛　**trommel screen**

旋转筛　**revolving screen**

筛面是圆柱形或圆台形,安装在水平的或接近水平旋转轴上的筛分机。

4.5.8

滚轴筛　**roll screen**

筛面是用横向平行排列在倾斜筛架上的旋转滚轴组成的筛分机。

4.5.9

棒条筛　**bar screen**

筛面是用具有一定间隔的径向棒条组成的一种固定倾斜筛,物料从筛面高端给入。

4.5.10

格筛　**grizzly**

用来对较大粒度(例如:150 mm)进行粗略分级的牢固的筛分机。

注:筛格可由固定的或运动的棒条、圆盘,或成型的转筒或滚轴组成。

4.5.11

弧形筛　**sieve bend**

用于筛除悬浮在水中的细颗粒的筛分设备。通常筛面由楔形筛条组成,沿纵向呈固定弧形,筛缝与入料方向垂直,细小颗粒随大部分水排入筛下。

　[可见固定筛 6.2.2]

4.5.12

条缝筛　**wedge-wire screen**

筛面是用楔形筛条组成的一种固定筛、筛孔(缝宽)一般不超出 3 mm。

4.5.13

旋流筛　**vortex sieve**

用楔形筛条构成圆筒形和倒置的截头圆锥形筛面的一种条缝筛。

4.5.14

圆振动筛　**circular vibrating screen**

运动轨迹呈圆形的振动筛。

4.5.15

直线振动筛 linear vibrating screen；rectilinear vibrating screen

水平筛 horizontal screen

运动轨迹为直线的振动筛。

4.5.16

电磁振动筛 electro-magnetic vibrating screen

利用电磁力激振，运动轨迹为直线的振动筛。

4.5.17

振动概率筛 vibrating probability screen

根据物料在振动筛面上的透筛概率，不同层面的筛孔由大到小递减，物料给入后，迅速完成筛分过程的振动筛。

4.5.18

弛张筛 flip-flow screen

利用弹性筛面的弛张运动来抛掷物料，筛面可作弛张运动的筛分机。

4.5.19

等厚筛 screen with constant thickness of bed

香蕉筛 banana screen

曲面筛

筛面由二段或多段不同倾角的筛板组成，利用等厚筛分原理实现粒度分级或固液分离的振动筛。

4.6

在气流或水流中的分级 Sizing in a current of air or water

4.6.1

风力分级 air classification

在气流中进行的分级工艺。

4.6.2

分级机 classifier

一种按照粒度、形状或密度的差异，用筛分方法以外的其他物理方法使颗粒进行分级的设备。

4.6.3

分级旋流器　cyclone classifier

一种利用离心力的方法对悬浮在流体中的细颗粒进行分级的设备。较粗的颗粒从设备的底流口排出,而细粒则与大部分流体一起从溢流口排出。

4.6.4

水力分级　hydraulic classification;hydraulic separation

以水为介质的分级。

4.6.5

水析　hydraulic analysis

用水力分析测定极细(通常小于 0.074 mm)物料粒度组成的方法。

4.6.6

沉降末速　terminal velocity

在介质中运动的颗粒,当重力或离心力与介质阻力相等时,与介质之间的相对运动速度。

4.6.7

等沉粒　equal falling particles
等降粒

沉降末速相同的颗粒。

4.6.8

等沉比　equal falling ratio
等降比

等沉粒中最大颗粒与最小颗粒粒度之比值。

4.6.9

自由沉降　free falling

单个颗粒在无限空间介质中的沉降。

4.6.10

干扰沉降　hindered falling

颗粒在有限空间介质中的沉降。

4.6.11

水力旋流器　hydro-cyclone

以水为介质的旋流器。

5 分选 Cleaning

5.1

一般术语 General

5.1.1

干选 dry cleaning

不用液体,采用手工或机械方法从煤中分选出杂质。

5.1.2

湿选 wet cleaning

用液体作为介质,从煤中用机械分选出杂质。

5.1.3

洗选厂 washery

采用湿法加工工艺的选煤厂。

5.1.4

再选 reclean;rewash

在相同的或另外的设备中,重新处理某种产品。

5.1.5

洗选产品 washery products

从洗选厂出来的最终产物。

5.1.6

矸石提升机 reject elevator;refuse elevator

从洗选设备中排出矸石并进行脱水的提升机。

5.1.7

中煤提升机 middling elevator

排出中煤,以便再选或作为低质产品处理的提升机。

5.1.8

定压水箱 head tank

水循环系统中的箱体或容器,靠恒定液位保持洗选设备的供水压力。

5.1.9

溜槽　launder

用于输送液体、固体或固液混合物的输送槽。

5.1.10

泵池　pump sump

存放各种自流进入的流体并用泵将其扬送循环使用或再处理的入料池。

5.1.11

悬浮体　suspension

由固体颗粒与水或空气组成的混合物，在这种混合物中，固体颗粒被全部或部分地承托起来。

5.1.12

流态化悬浮体　teeter(in);fluidized suspension(in)

在上升水流或气流中固体颗粒的悬浮状态，由于所给予的承托作用使颗粒间的内摩擦降低到足以使悬浮体具有流体或半流体特性的状态。

5.1.13

水循环系统　water circuit

供选煤厂循环用水的管道、泵、水池、水箱、水槽及所属设备的全部系统。

5.1.14

闭路水循环系统　closed water circuit

只需补加由洗选产品带走和由于蒸发所损失水的水循环系统。

5.1.15

循环水　circulating water

水循环系统中的水。

5.1.16

补充水　make-up water

为补充产品带走的或选煤过程中损失的水量而补加的水。

5.1.17

喷水　rinsing water;spray water

用于脱除大颗粒上的细泥而喷加的水。

5.1.18

废水 **waste water；surplus water；bleed water**

允许从水循环系统中排放废弃的过量水。

［参见 6.1.9 和 6.1.10］

5.1.19

矿井水 **pit water**

井下水 **mine water**

从矿井地下巷道或露天矿排出的水。

5.1.20

细泥 **slimes**

存在于悬浮液中或者黏附在较大颗粒上的极细颗粒。

5.1.21

煤泥水 **slurry**

煤粉或煤泥与水混合而成的需进一步处理的流体。

5.1.22

泡沫浮选 **froth flotation**

在浮选剂的作用下，形成矿化泡沫，实现煤泥分选的方法。

5.1.23

重力选煤 **gravity concentration；gravity separation**

以密度差别为主要依据的选煤方法。

5.1.24

跳汰选煤 **jigging**

在垂直脉动为主的介质中实现分选的重力选煤方法。

5.1.25

重介质选煤 **dense medium separation**

在密度大于水的介质中实现分选的重力选煤方法。

5.1.26

流槽选煤 **coal laundering；trough washing**

在流槽中，借水流的冲力和流槽的摩擦力，利用密度、粒度和形状的差异实现分选的选煤方法。

5.1.27

摇床选煤　table cleaning

利用机械往复差动运动和水流冲洗的联合作用,使煤按密度分选的选煤方法。

5.1.28

离心选煤　centrifugal cleaning

利用密度差别,在离心力场中实现分选的选煤方法。

5.1.29

摩擦选煤　friction cleaning

利用矿物沿倾斜面运动时摩擦系数的差别,实现分选的选煤方法。

5.1.30

主选　primary cleaning

对原煤进行分选的作业。

5.1.31

中间产物　intermediate product

尚需进行继续分选的非最终产物。

5.1.32

回选　recirculation cleaning

回到本设备或本系统继续分选的作业。

5.1.33

配煤入选　preparation of blended raw coal

将不同特性的原料煤按比例混合进行分选的方式。

5.1.34

分组入选　preparation of grouped raw coal

按原料煤的牌号或可选性,分组进行分选的方式。

5.1.35

不分级入选　preparation of unsized raw coal

原煤不经分级直接进行分选的方式。

5.1.36

分级入选　preparation of sized raw coal

将原料煤分成不同粒级进行分选的方式。

5.1.37

脱泥入选 preparation of deslimed raw coal

原料煤经脱泥后进行分选的方式。

5.2

干法选煤 Dry cleaning

5.2.1

手选 hand cleaning

采用人工方法从煤块中拣出杂质或从杂质中拣出煤块。

5.2.2

人工拣选 hand selection

根据外观差异,用人工从煤中拣选出有某些特殊性质的物料。

5.2.3

手选带 picking belt;picking table

块煤在其上铺开,以便供人工手选或拣选的连续输送机(例如:胶带式、链板式或链条结构的)。

5.2.4

环形手选台 picking table circular

用途与手选带相同,由水平旋转的扁状环形板构成的设备。

5.2.5

风选 pneumatic cleaning

利用气流选煤。

5.2.6

风力摇床 dry cleaning table

通过往复运动,使盘面上一定厚度的入料层受气流和床面搅动作用,从而实现干法分选的设备。

5.2.7

风力跳汰机 air jig

利用脉动气流使入料分层,并将分层后的产物分别排出的一种机械。

5.2.8

风力跳汰　air jigging

利用空气作分选介质的跳汰过程。

5.2.9

空气重介流化床干法选煤　beneficiation with air-dense medium fluidized bed

以气—固两相悬浮体作分选介质（一般为空气和磁铁矿、电厂磁珠、石英砂等），在均匀稳定的流化床中，按阿基米德原理实现煤和矸石分离的一种选煤方法。

5.2.10

检查性手选　control hand picking

拣除原料煤中部分可见矸石和其他杂物的手选作业。

5.3

跳汰选煤　Jigging

5.3.1

跳汰机　jig；washbox

利用垂直脉冲运动使物料在分选介质中分层，并使分层后的产物分别排出的一种机械。

5.3.2

主选跳汰机　primary jig

居一系列跳汰机中的首位，接受入料为原煤且所得的产物中至少有一种需要进一步处理。

5.3.3

再选跳汰机　re-wash jig

接受前面分选作业的产物（或者其中的一部分）以使再进行分选的一种跳汰机。

5.3.4

空气脉动跳汰机　air pulsating jig

用压缩空气沿跳汰床层一侧（如鲍姆跳汰机），或在跳汰机床层的下面（如巴达克，高桑跳汰机）间断地驱动水流，产生脉动运动的跳汰机。

5.3.5

长石床层跳汰机   feldspar jig

在跳汰筛板上分段铺设长石层(人工床层),主要利用脉冲水流分选粒度通常小于 13 mm 的跳汰机。

5.3.6

动筛跳汰机   moving sieve jig

支撑被处理物料床层的跳汰筛板在水中作上下运动的跳汰机。

5.3.7

活塞跳汰机   plunger jig;piston jig

借柱塞或活塞的往复运动使分选介质产生脉冲运动的跳汰机。

5.3.8

隔膜跳汰机   diaphragm jig

借隔膜的往复运动使分选介质产生脉冲运动的跳汰机。

5.3.9

跳汰筛板   jig screen plate;bed plate;grid plate,sieve plate

承托被处理物料床层的冲孔钢板或格栅。

5.3.10

跳汰床层   jig bed

跳汰机筛板承托的全部物料。

5.3.11

跳汰分室   jig cell

跳汰机筛板之下用横隔板分开的单独区间,每一区间都独立调节风或水。

5.3.12

跳汰分段   jig compartments

横隔板延伸到跳汰机筛板以上形成堰所分隔开的独立区段。

注:每一分段通常包括两个或两个以上的分室。

5.3.13

跳汰机筛下室   hutch

跳汰机筛板以下的机体部分,由此实现控制水的脉冲运动。

5.3.14

跳汰机入料堰　jig feed sill

入料进入跳汰机时所越过的跳汰机部件。

5.3.15

跳汰机中间堰　jig centre weir

位于跳汰机入料端和溢流端之间的一个可调隔板,用以调节跳汰机物料向前的运动。

5.3.16

跳汰机溢流堰　jig discharge sill

精煤排出跳汰机时所越过的跳汰机部件。

注:溢流堰通常是溢流端排矸室的一部分。

5.3.17

风阀　air valve

控制压缩空气交替进入和排出跳汰机每个分室的装置。

5.3.18

滑动风阀　jig slide valve;jig piston valve

作往复运动的跳汰机风阀。

5.3.19

旋转风阀　rotary air valve

围绕中心轴旋转运动的跳汰机风阀。

5.3.20

跳汰机风阀周期　jig air cycle

决定进气和排气的定时周期。

5.3.21

排矸装置　reject extractor

从跳汰机的各个分段用人工或自动操作排除重物料的装置。

5.3.22

浮标　float

探测跳汰机筛板上重物料层厚度变化的部件,属于某种类型的自动排矸装置的一部分。

5.3.23

床层传感器　bed depth transducer

不用浮标,测定跳汰机筛板上重物料层厚度变化的装置。

5.3.24

排矸室　reject extraction chamber

排除矸石的那一部分跳汰机机体。

5.3.25

排矸闸门　reject gate;discharge shutter

利用人工或自动操纵的排料装置,用以控制从跳汰机中排除重物料的速度。

5.3.26

排矸轮　reject rotor;star wheel extractor

一种旋转(或星形)阀式的排矸闸门。

5.3.27

排矸螺旋　reject worm

安装在某些跳汰机底部的螺旋输送机,用以集运透筛的细粒重物料。

5.3.28

排矸管　reject discharge pipes

在一些跳汰机中用以代替排矸螺旋的管道。

5.3.29

一段排矸提升机　primary reject elevator

通常设在跳汰机的入料端,排运第一段重物料的提升机。

5.3.30

二段排矸提升机　secondary reject elevator

通常设在跳汰机的溢流端,排运第二段重物料的提升机。

5.3.31

输送水　top water;transport water

与原料煤一同给入,主要起辅助输送物料进入跳汰机的水。

5.3.32

冲水　flushing water

用来帮助物料在溜槽中流动所加的水。

5.3.33

顶水　underscreen water；back water

从跳汰机筛板下或槽选机排料箱给入，主要起分选作用的水。

5.3.34

跳汰周期　jig cycle

跳汰机中介质流上下脉动一次所经历的时间，它是跳汰频率的倒数。

5.3.35

跳汰周期特性曲线　characteristic curve of jigging cycle

在一个跳汰周期内，跳汰室中脉动水流的速度变化曲线。

5.3.36

风阀特性曲线　characteristic curve of air valve

在一个跳汰周期内风阀进、排气面积的变化曲线。

5.3.37

跳汰频率　jig frequency

分选介质每分钟的脉动次数。

5.3.38

跳汰振幅　jig amplitude

分选介质在跳汰室内脉动一次的最高和最低位置差。

5.3.39

水力跳汰　hydraulic jigging

用水作分选介质的跳汰过程。

5.3.40

人工床层　artificial bed；feldspar bed

在跳汰机筛板上人为铺设的，具有一定密度和粒度的物料层。

5.3.41

床层松散度　mobility of the jig bed

床层呈悬浮状态时，其中分选介质所占的体积百分数。

5.3.42

分层　stratification

分选过程中物料主要按密度分类成层的现象。

5.3.43

透筛排料 **discharge of heavy material though screenplate**

透过跳汰筛板排除重产物的方式。

5.3.44

正排矸 **discharge of heavy dirt at the discharge end**

矸石层移动方向与煤流方向相同的排矸方式。

5.3.45

倒排矸 **discharge of heavy dirt at the feed end**

矸石层移动方向与煤流方向相反的排矸方式。

5.3.46

跳汰室 **jigging chamber**

跳汰机中物料分层和产物分离的工作室。

5.3.47

空气室 **air chamber**

跳汰机中与跳汰室直接联通的,容纳压缩空气的工作室。

5.3.48

跳汰面积 **jig area**

跳汰机承托床层的筛板总面积。

5.3.49

电控气动风阀 **electro-pneumatic valve**

用电子数控装置和电磁阀控制跳汰机进气和排气的风阀,其频率和特性曲线可以任意调整。

5.3.50

筛侧空气室跳汰机 **Baum jig**

鲍姆跳汰机

空气室在筛板一侧的空气脉动跳汰机。

5.3.51

筛下空气室跳汰机 **air chamber under the bed jig**

巴达克跳汰机 **Batac jig**

高桑跳汰机 **Tacub jig**

空气室在跳汰机筛板下面的空气脉动跳汰机。

5.3.52

复合脉动跳汰机 compound pulsating jig

在一个进风周期内,多次供入压缩空气的脉动跳汰机。

5.4

重介质选煤 Dense medium cleaning

5.4.1

重液 dense liquid

密度比水大的液体或溶液,可用于工业上或实验室中将煤分为两个不同密度级别。

5.4.2

重介质 dense medium;heavy medium

相对密度较高的微粒(例如:磁铁矿、重晶石、页岩)悬浮在水中形成的流体。可用在工业上或实验室中将煤分为不同密度的级别。

5.4.3

重介质工艺 dense medium process
重介工艺

在重介质中实现有效分选的选煤方法。

5.4.4

重介质分选机 dense medium separator

用重介质分选煤炭的选煤设备,其分选利用重力或者离心力来完成。

5.4.5

加重质 medium solids

重介质中的固体成分。

5.4.6

分选介质 separating medium;correct medium

具有指定的密度,藉以实现分选的重介质。

5.4.7

循环介质 circulating medium
循环悬浮液

在重介质分选机内外循环使用的重介质,其密度等于或者接近分选密度。

5.4.8

补充介质 make-up medium;make-up medium solids

补充悬浮液

为补充分选过程中损失的悬浮液,而向系统中加入的悬浮液或加重质。

5.4.9

重介质回收 dense medium recovery

加重质回收 medium solids recovery

从稀介质中回收加重质以便再用,通常还包括全部或部分地除去煤泥和黏泥等污染物。

5.4.10

磁选机 magnetic separator

用磁性方法回收和浓缩磁性加重质的设备。

5.4.11

磁性物 magnetics

加重质中磁性强度高,并容易用磁性方法回收的那一部分固体。

5.4.12

非磁性物 non-magnetics

加重质中磁性强度低的那一部分固体。

注:这些固体通常因其密度比磁性物低,因而归入污染物一类。

5.4.13

再生重介质 regenerated dense medium;recovered dense medium

再生悬浮液

得自悬浮液回收系统并与污染物(全部或部分地)分离的悬浮液。

5.4.14

稀介质 dilute medium

稀悬浮液

低于重介质分选机内分选密度的悬浮液,通常是用水喷洗产物以除去黏附的加重质而产生的。

5.4.15

浓介质　over-dense medium

浓悬浮液

高于重介质分选机内分选密度的悬浮液,通常是由介质回收系统产生,并用于保持分选机内既定的密度。

5.4.16

重介车间　dense medium plant

包括与介质回收、再生和介质循环有关的全部设备在内的重介质分选车间。

5.4.17

密度控制装置　density control device

控制重介质分选机内或进入分选机的分选介质密度的自动装置。

5.4.18

脱介筛　medium draining screen;depulping screen

从重介质分选机的产物中脱除重介质的筛分机。

5.4.19

悬浮物　suspended matter

入料中密度等于或接近于分选介质的颗粒,因其在浮物和沉物产物中不能被迅速回收,所以比较难以从分选机中排出。

5.4.20

介质回收筛　medium recovery screen

用于从重介质分选机的产物中脱除并喷洗所黏附加重质的筛分机。

5.4.21

喷水装置　shower box

在筛子上方沿整个宽度产生一股连续水幕的装置,通常用于介质回收筛或脱泥筛。

5.4.22

加重质制备　medium solids preparation

介质制备

对加重质原料进行研磨或加工,使其满足使用要求。

5.4.23

悬浮液　suspension

高密度的固体微粒与水配制成悬浮状态的两相流体。

5.4.24

悬浮液稳定性　stability of suspension

悬浮液维持其各部位密度均一的性能,其值通常用加重质沉降速度的倒数表示。

5.4.25

分流　spilt flow

为排除循环悬浮液中多余的水、煤泥和其他杂物等,从悬浮液系统中分出的一部分悬浮液。

5.4.26

预磁　pre-magnetization

以磁性物作加重质的稀悬浮液,在磁场作用下被磁化的过程。

5.4.27

退磁　de-magnetization

磁性物通过交变磁场,使颗粒的剩磁减弱或消失的过程。

5.4.28

磁性物含量　magnetic material content

磁性物的质量占固体总质量的百分数。

5.4.29

水平流　horizontal current

从重介质分选机给料端给入的悬浮液流,用以补充分选槽内的悬浮液和输送浮起物。

5.4.30

上升流　upward current

从重介质分选机底部给入的悬浮液流,主要用以维持分选槽内悬浮液的稳定性。

5.4.31

下降流　downward current

从重介质分选机下部排出的悬浮液流,主要用以维持分选槽内悬浮液的稳定性。

5.4.32

斜轮重介质分选机　inclined lifting wheel separator

用斜提升轮提升并排除沉物的重介质分选机。

5.4.33

立轮重介质分选机　vertical lifting wheel separator

用垂直提升轮提升并排除沉物的重介质分选机。

5.4.34

刮板重介质分选机　H. M vessel;heavy media bath;heavy media washer

浅槽重介分选机

利用槽内的刮板输送机排出重产物的重介质分选机。

5.4.35

重介质旋流器　dense medium cyclone;heavy medium cyclone

以重悬浮液或重液为介质进行分选的旋流器。

5.4.36

湿式弱磁永磁筒式磁选机　low intensity permanent magnetic wet drum separator

以一个永磁圆筒作为分选部件,用于分选湿物料的弱磁磁选机。

5.4.37

圆筒带式磁选机　drum-belt magnetic separator

利用回转带卸料的筒式磁选机。

5.4.38

磁力脱水槽　magnetic dewatering tank

在磁力和重力联合作用下,使磁性物与非磁性物分离的一种磁选浓缩机械。

5.4.39

风力提升器　air lifter

用压缩空气提升、输送悬浮液、加重质等物料的装置。

5.4.40

分流量　spilt flow quantity

分流作业中分出悬浮液量的多少。

5.4.41

非磁性物含量　non-magnetic material content

非磁性物的质量占固体总质量的百分数,或等于固体总质量减去磁性物含量。

5.4.42

高梯度磁选　high-gradient magnetic separation

用于分离极细的弱磁性颗粒物料的一种磁选方法。

5.4.43

介质桶　medium tank

存放悬浮液(介质)的容器,通常分为合格、稀、浓三种介质桶。

5.4.44

混料桶　blending tank

悬浮液与物料混合的容器。

5.4.45

悬浮液黏度　suspension viscosity

因固液界面水化膜及颗粒间摩擦碰撞所引起的表面摩擦力的存在而形成的。一般分为视黏度和有效黏度。

5.5

其他分选设备　Cleaning equipment (miscellaneous)

5.5.1

槽选机　trough washer;launder washer

在溜槽中利用冲积原理分选的分选机。

5.5.2

摇床　concentrating table;shaking table

床面设有格条,且通常对水平两个方向倾斜,并作水平的往复差动运动的分选设备。一般被选物料呈流体状态给入,重颗粒聚集在格条之间并沿往复运动的方向运送,而轻物颗粒则被水流携带越过格条,从床面的侧边排出。

5.5.3

格条　riffles

摇床床面上用于分离较重颗粒的纵向隆起部分。

5.5.4

清洗水 dressing water

横冲水 cross water

摇床上的二次用水。

5.5.5

上升流分选机 upward current washer

利用上升水流或重介质流的作用进行分选的分选机。

5.5.6

斜板分选机 plate cleaner

选煤槽

利用精煤和矸石与倾斜板(通常为钢板)之间的弹性或摩擦系数的差别,使精煤跳跃缺口,而矸石堕入口内来分选粒度相近原料煤的分选设备。

5.5.7

滚筒分选机 barrel washer;drum washer

由围绕与水平稍倾斜的轴线慢慢旋转的圆筒构成的原料煤分选设备。原料煤随水流或悬浮液一起从靠近上端的位置给入,精煤被水或者悬浮液携带至圆筒的下端越过螺旋排出,而矸石则被螺旋运送到圆筒的上端排走。

5.5.8

旋流器 cyclone

利用离心力的原理,在水或重介质中实现物料分离(分级、分选、浓缩等)的设备。

5.5.9

阻沉选煤机 hindered settling cleaner

干扰床分选机 teetered bed separator

利用向上的水流形成流化态床层,对细粒煤实现湿法分选的设备。

5.5.10

螺旋分选机 spiral

物料在绕垂直弯曲成螺旋状的溜槽中,利用离心力和重力进行分选的机械。

5.5.11

离心摇床 **centrifugal table**

在即作旋转运动，又作轴向变加速振动的圆弧形床面上，使物料在离心力场中进行分选的摇床。

5.5.12

水介质旋流器 **hydro-cyclone**

以水为介质使物料按密度进行分选的旋流器。

5.5.13

选择性絮凝法 **selective flocculation methed**

利用煤和矿物杂质表面物理化学性的不同，应用絮凝剂选择性地将低灰分物料或高灰分物料絮凝，以达到两者分离的方法。

5.6

泡沫浮选(浮选) **Froth flotation**

5.6.1

活化剂 **activating agent；activator**

加到有捕收剂的矿浆中，具有提高可浮性作用的药剂。

5.6.2

捕收剂 **collecting agent；collector**

加入矿浆中提高固体颗粒和气泡间黏附力的药剂。

5.6.3

起泡剂 **frothing agent；frother**

在浮选过程中用以控制气泡大小，维持泡沫稳定性的药剂。

5.6.4

润湿剂 **wetting agent**

降低固体与液体之间的表面张力，以促使液体在固体表面上散开的药剂。

5.6.5

抑制剂 **depressant**

将其加入矿浆中，阻止矿粒在浮选过程中浮起的物质。

5.6.6

矿浆 **pulp**

细颗粒固体与水的混合物。

［参见 5.1.21］

5.6.7

选择性浮选　selective flotation

用浮选法优先回收煤中特定成分(例如:煤岩成分)的作业。

5.6.8

充气　aeration

将空气导入浮选槽内的矿浆中以形成气泡。

5.6.9

调和　conditioning

在浮选过程中使浮选剂与矿浆中的固体颗粒充分接触的准备阶段。

5.6.10

调和槽　conditioner

一种进行调和的设备。

5.6.11

给药机　reagent feeder

添加和分配一种或数种浮选剂的设备。

5.6.12

浮选机　flotation cell

对矿浆进行泡沫浮选的机械。

5.6.13

搅拌桶　agitator

一种连续强烈搅拌矿浆的设备,一般用于帮助调整矿浆浓度。

注:搅拌桶通常由旋转的叶轮和静止的扩散体两部分组成。

5.6.14

主选槽　primary cells

对入料进行初步分选的一组浮选槽,得出的两种产物或其中的一种产物需要进一步处理。

5.6.15

粗选槽　rougher cells

排出或排除大多数尾煤的主选槽。

5.6.16

再选槽 **secondary cells**

对主选槽的产物进行再次分选的一组浮选槽。

5.6.17

精选槽 **cleaner cells; recleaner cells**

对主选或粗选槽的泡沫产物进一步分选的再选槽。

5.6.18

扫选槽 **scavenger cells**

对尾煤进行再处理的再选槽。

5.6.19

浮选精煤 **flotation concentrate**

从泡沫浮选中获得的精煤产物。

5.6.20

浮选尾煤 **flotation tailings**

从泡沫浮选中排出的高灰分产物。

5.6.21

浮选中煤 **flotation middlings**

一般需要再处理的浮选产物。

5.6.22

接触角 **contact angle**

在两种流体和一种固体表面接触周边的任一点上，流体界面切线和固体表面切线之间的夹角。

注1：涉及水时，通常在水相内侧测量接触角。

注2：在静止状态下测得的最大和最小值（分别称为前倾接触角和后倾接触角）通常还指明被测角所在的相（例如：油—前倾接触角）。

5.6.23

消泡器 **froth breaker**

用消泡的方法减少泡沫浮选精煤体积的装置。

5.6.24

分段试验　release analysis

采用分阶段添加捕收剂，来确定最佳效果的浮选试验。

5.6.25

疏水性矿物　hydrophobic mineral

表面不易被水润湿，即接触角大的矿物。

5.6.26

亲水性矿物　hydrophilic mineral

表面容易被水润湿，即接触角小的矿物。

5.6.27

矿化泡沫　mineralized froth

表面附着煤粒的气泡的聚合体。

5.6.28

浮选时间　flotation time

为获得合格产物完成浮选过程所需要的时间。

5.6.29

浮选剂　flotation agent

为实现或促进浮选过程所使用的药剂。

5.6.30

调整剂　modifying agent；regulator

调整矿浆及矿物表面的性质，提高某种浮选剂的效能或消除负作用的浮选剂。

5.6.31

分散剂　dispersing agent；dispersant

消除细泥覆盖于煤（矿）粒表面有害作用的浮选剂。

5.6.32

乳化剂　emulsifier

将非极性油类分散成微小的液滴，以提高其捕收效用的表面活性剂。

5.6.33

药剂制度　regime of anent

浮选过程中使用的浮选剂种类、用量、加药地点和加药方式等的总称。

5.6.34

直接浮选　direct flotation

一种煤泥水不经浓缩直接进行浮选的方式。

5.6.35

浓缩浮选　thickening flotation

一种煤泥水先经浓缩再进行浮选的方式。

5.6.36

微泡浮选　microbubble flotation

通过特制的微泡发生器生产微泡（直径 0.1~0.4 mm），对煤泥进行分选的一种浮选方法。

5.6.37

粗选　roughing

多次浮选工艺流程中的第一次浮选作业。

5.6.38

扫选　scavenging

将不合格的尾矿（煤）再次进行浮选的作业。

5.6.39

精选　cleaning

将泡沫产物再进行浮选的作业。

5.6.40

单元浮选试验　batch-flotation

用单槽浮选机进行的浮选试验。

5.6.41

分步释放浮选试验　timed-release analysis

采用一次粗选多次精选流程的单元浮选试验。

5.6.42

连续性浮选试验　continuous flotation test

模拟工业生产条件，用多槽浮选机连续进行的浮选试验。

5.6.43

单位充气量　aeration quantity

向精煤中将导入的空气数量,以 $m^3/(m^2 \cdot min)$ 表示。

5.6.44

充气均匀系数　aeration uniformity coefficient

表示浮选机矿(煤)浆表面充气量分布均匀程度的指标。

5.6.45

机械搅拌式浮选机　subaeration flotation machine;agitation froth machine

依靠旋转叶轮吸入空气(或同时从外部压入空气)并进行搅拌,使气泡分散在矿(煤)浆中的浮选机。

5.6.46

喷射式浮选机　jet flotation machine

利用高速矿(煤)浆流通过喷射器产生的负压使矿(煤)浆充气的浮选机。

5.6.47

充气式浮选机　pneumatic flotation machine

利用外部风源将空气压入矿(煤)浆中进行浮选的浮选机。

5.6.48

浮选柱　flotation column

无搅拌叶轮,空气由柱形机体底部经充气器进入与煤浆混合,形成矿化的浮选设备。

5.6.49

矿浆准备器　pulp preprocessor;pulp conditioner

借高速旋转的圆盘或叶轮的离心力作用,使药剂雾化或形成气溶胶以增强药剂效果,从而使矿浆与浮选药剂均匀混合的设备。

6　固液或固气分离　Separation of solids form water or air

6.1

一般术语　General

6.1.1

脱水　dewatering

利用除蒸发以外的方法降低物料水分的作业。

6.1.2

干燥 drying

主要利用蒸发作用降低物料水分的作业。

6.1.3

泄水 draining

主要借重力作用从产品中脱去水分或介质。

6.1.4

过滤 filtration

使液体透过细密的纤维织品或金属丝网而留住固体,并用真空或压力以加速其分离的一种固液分离过程。

6.1.5

离心脱水 centrifuging

借助离心力实现脱水。

6.1.6

絮凝 flocculation

利用絮凝剂将分散在液体中的颗粒聚集成团。

6.1.7

澄清 clarification

从循环水中分离固体,以使悬浮的固体颗粒减至最低限度。

6.1.8

浓缩 thickening

对悬浮液中的固体物进行浓缩,以获得固体浓度比原悬浮液更高的产品。

6.1.9

溢流 effluent

在完成作业,或者经过自身处理(例如:澄清)后,从各种设备或液体容器上部排出的流体。

6.1.10

选煤厂排放水 plant effluent

从选煤厂排出的有时含有固体的水,通常废弃。

6.1.11

煤泥池 slurry pond

对煤泥水进行沉淀并排放固体颗粒的一种天然或人造的池子。

6.1.12

分散体 dispersion

(1)在液体中离散颗粒群的一种悬浮体。

(2)用散凝作用产生的离散颗粒群。

6.1.13

预先脱水 preliminary dewatering

为下一个作业准备条件而预先脱除物料中一部分水的作业。

6.1.14

最终脱水 final dewatering

产物的最后一次脱水作业。

6.1.15

脱水时间 dewatering time

产物在脱水设备(设施)中的停留时间。

6.1.16

过滤介质 filter media

过滤时用于阻留固体颗粒,渗透液体的多孔隙固体物质。

6.1.17

脱落率 percentage of cake discharge

脱落滤饼的质量占全部滤饼质量的百分数。

6.1.18

助滤剂 filter aid

提高过滤效果所使用的药剂。

6.1.19

离心强度 centrifugal intensity

物料所受离心力与重力的比值。

6.1.20

煤泥 slime

泛指:湿的煤粉。

专指:选煤厂粒度在 0.5 mm 以下的一种洗煤产品。

6.1.21

粗煤泥　coarse slime

粒度近于煤泥,通常在 0.5(0.3) mm 以上,不宜用浮选处理的颗粒。

6.1.22

原生煤泥　primary slime

由入选原煤中所含的煤粉形成的煤泥。

6.1.23

次生煤泥　secondary slime

在选煤过程中,煤炭因粉碎和泥化所产生的煤泥。

6.1.24

浮沉煤泥　slime from float-and-sink analysis;slime from float-and-sink test

在浮沉试验过程中产生的煤泥。

6.1.25

澄清水　clarified water

澄清过程得到的水。

6.1.26

洗水　wash water

湿法选煤操作用水。

6.1.27

底流　underflow

经分级、浓缩或分选等作业获得的粗颗粒、高浓度或高密度的产物。

6.1.28

浓度　concentration

用于表示煤浆、煤泥水等液体中固体与水的相对含量。

注:通常用液固比,固体含量或百分比浓度来表示。

6.2

脱水　Dewatering

6.2.1

干燥机　dryer

借助热力使煤干燥的设备。

6.2.2

固定筛　fixed screen

有固定(不运动)的倾斜或曲线形筛板,通常为楔形筛面,用于从悬浮液中排掉大量水和细颗粒。

6.2.3

过滤式离心脱水机　basket centrifuge

利用过滤原理,湿的固体颗粒靠离心力紧贴在带孔的筛篮表面,水向外排出,挡住的固体颗粒用机械排出的脱水设备。

6.2.4

沉降式离心脱水机　solid-bowl centrifuge

利用无孔筛篮的旋转,沉降的固体颗粒由螺旋收集并从设备的另一端排出,水从相对的另一端排出的脱水设备。

6.2.5

沉降过滤式离心脱水机　screen-bowl centrifuge

把沉降和过滤原理结合在一台机器上的脱水设备。

6.2.6

离心液　centrate

从离心脱水设备中排出的液体。

6.2.7

过滤槽　filter bowl;filter tank

容纳被过滤矿浆用的槽子,一般设有搅拌器以保持矿浆中的固体颗粒呈悬浮状态,真空过滤机旋转的滚筒或圆盘部分地浸在槽里。

6.2.8

滤布　filter cloth

滤网

用作过滤介质的编织物或黏结物。

6.2.9

滤饼　filter cake

过滤作业的固体产物。

6.2.10

滤液　filtrate

过滤作业的液体产物。

6.2.11

加压过滤机　pressure filter

在过滤介质一侧利用空气压力加压实现过滤的过滤机。

6.2.12

压滤机　filter press

用于脱除煤泥、尾煤和类似产品中的水,进行非连续作业的一种压力过滤机。

6.2.13

真空过滤机　vacuum filter

在过滤介质的一侧利用负压实现过滤的过滤机。

6.2.14

埋刮板输送机　dredging conveyor

部分地浸在含有液体的槽内,用以排出可能沉在其中固体的刮板输送机。

6.2.15

捞坑　dredging sump;drag tank;smudge tank

构成水循环系统之一的水池,沉淀在其中的煤泥或末煤用链式或斗式提升机连续排出。

6.2.16

脱水仓　drainage bin

选后产品泄水用的煤仓。

6.2.17

脱水斗式提升机　dewatering basket;dewatering elevator

借助带孔的勺斗,在提升、运输过程中泄水的机械。

6.2.18

离心脱水机　centrifuge

利用过滤或沉降原理,在离心力场中实现固液分离的机械。

6.2.19

惯性卸料离心脱水机　inertial discharge centrifuge

利用惯性力使物料沿圆锥台形筛篮滑动,而排卸产物的过滤式离心脱水机。

6.2.20

刮刀卸料离心脱水机　scraper discharge centrifuge

利用圆台形筛篮内的刮刀排卸产物的过滤式离心脱水机。

6.2.21

振动卸料离心脱水机　vibrating discharge centrifuge

利用筛篮的振动作用,排卸产物的过滤式离心脱水机,按筛篮的安装(振动)方向,又可分为立式与卧式两种。

6.2.22

过滤机　filter

实现过滤脱水所用的机械。

6.2.23

圆盘式真空过滤机　disc-type vacuum filter

过滤面为圆盘形的真空过滤机。

6.2.24

圆筒式真空过滤机　drum-type vacuum filter

以旋转圆筒作为过滤元件的真空过滤机,按过滤面在圆筒内或外可分为内滤式与外滤式两种。

6.2.25

折带式真空过滤机　belt-folded discharge drum vacuum filter;Feinc vacuum filter;Feinc filter

将滤网引出筒外进行卸料的圆筒式真空过滤机。

6.2.26

水平带式真空过滤机　belt vacuum filter

在具有特制小孔的水平带式输送机上覆盖滤布,利用真空过滤原理,实现细粒物料连续脱水的机械。

6.2.27

箱式压滤机　chamber pressure filter；recessed plate press

由凹槽板构成滤室并间断排料的压滤机。

6.2.28

充气式压滤机　hyperbaric pressure filter

利用高压空气对压滤机内物料进行挤压或风干脱水的箱式压滤机。

6.2.29

管式压滤机　tubular pressure filter；tube filter

交替进行入料、充气、真空、排料作业的管状细泥脱水机械。

6.2.30

带式压滤机　belt filter press；belt press filter

物料在两条网带之间受挤压而脱水并连续排料的压滤机。

6.2.31

筒式压滤机　drum-type filter press

利用高压风力使固液快速分离并连续排出的筒形脱水机械。

6.2.32

管式干燥机　tubular dryer；flash dryer

在立式干燥管中利用热气流与湿物料瞬时接触进行干燥的机械。

6.2.33

滚筒式干燥机　drum-type dryer

在倾斜安装的转动圆筒内，使热气流与湿物料直接接触进行干燥的机械。

6.2.34

井筒式干燥机　shaft dryer；cascade type dryer

利用筒体内部相向转动的滚轮，使下落湿物料分散并与热气流接触进行干燥的机械。

6.2.35

沸腾层（床）干燥机　fluid-bed dryer；fluidized-bed dryer

利用热气流使物料呈流体悬浮状态进行干燥的机械。

6.2.36

螺旋干燥机 **helicoids screw dryer**

使输送槽中的湿物料与空心螺旋片中的传热介质间接接触进行干燥的机械。

6.3

澄清和浓缩 **Clarification and thickening**

6.3.1

絮凝剂 **flocculating agent；flocculent**

加入具有分散固体的液体中,使细颗粒聚集形成絮团的药剂。

6.3.2

絮团 **flocs**

由凝聚作用产生的聚集体。

6.3.3

浓缩漏斗 **settling cone；conical settling tank**

用于沉淀循环水中粗颗粒的锥形筒。

6.3.4

沉淀池 **settling pond**

从选煤厂排放水中收集固体的自然或人造的池子,澄清水再用或者排弃。

6.3.5

耙式浓缩机 **rake thickener**

使被浓缩的悬浮体在圆形池内沉淀,并用围绕中心轴缓慢回转的一系列耙子将其集送到一个或数个排料口的浓缩设备。

6.3.6

浓缩旋流器 **cyclone thickener**

利用离心力方法进行浓缩的一种装置,其中高浓度的悬浮体从容器的底流口排出,大部分水通过溢流口排走。

6.3.7

给料箱 **headbox；feed box**

将固水悬浮体分配给某些设备的装置,或者对顶部给料的过滤机进行流体减速的装置。

6.3.8

凝聚剂 coagulating agent；coagulant

可使液体中分散的细颗粒固体形成凝聚体的无机盐类。

6.3.9

角锥沉淀池 spitzkasten

上部为方形，下部为倒角锥形的浓缩分级设备。

6.3.10

沉淀塔 setting tower

直径较大(通常在 12 m 左右)的倒圆锥形的浓缩、澄清设备。

6.3.11

带式沉淀池 dredging tank

在长形槽子内，装有刮板输送机的脱水、浓缩设备。

6.3.12

倾斜板沉淀槽 lamella；inclined plate depositing tank

由安设倾斜板的斜方体容器和倒角锥组成的澄清、浓缩、分级设备。

6.3.13

深锥浓缩机 deep cone thickener

高度大于直径，上部为圆筒，下部为锥角较小的倒圆锥形的澄清、浓缩设备。

6.3.14

高效浓缩机 high-capacity thickener；high-efficient thickener

浓缩效果比普通浓缩机要高的浓缩机的总称。一般采用在普通浓缩机中加斜管、斜板或改进入料结构等方法来提高其沉淀浓缩效果。

6.3.15

沉淀仓 settling banker

沉淀水力提升原煤的煤仓。

6.4

固气分离 Separation of solids from air

6.4.1

除尘 dust extraction

除去气体或者周围空气中悬浮的尘粒。

6.4.2

集尘　dust recovery

将空气或气体中悬浮的尘粒聚集起来以便处理。

6.4.3

除尘器　dust collector,deduster

集尘器

将空气或气体中的尘粒分离出来,并将其收集以便进一步处理的设备。

6.4.4

旋风集尘器　cyclone dust collector

利用离心力的方法分离悬浮在空气或气体中尘粒的设备。

6.4.5

袋式除尘器　bag filter;fabric filter

利用编织材料做成的,允许空气通过而留住尘粒的容器,用于除去含尘空气中尘粒的设备。

6.4.6

静电除尘器　electrostatic precipitator

利用静电沉集的原理,从含尘空气中除去尘粒的设备。

6.4.7

水膜除尘器　water-film deduster

尘粒受离心力和水膜的作用,实现除尘的一种设备。

6.4.8

泡沫除尘器　froth deduster

使含尘气体通过泡沫层水浴,实现除尘的一种设备。

7　破碎　Size reduction

7.1

一般术语　General

7.1.1

破碎(轧碎)　breaking;cracking

大颗粒的粉碎。

7. 1. 2

破碎(压碎)　crushing

使物料破碎成较粗颗粒。

7. 1. 3

磨碎　grinding;pulverizing

以碾磨作用为主,使物料成较细颗粒的作业。

7. 1. 4

破碎比　reduction ratio

破碎作业中入料粒度与产品粒度之比。

注:计算破碎比的方法有多种,例如:极限破碎比,80%破碎比,平均粒度破碎比。

7. 1. 5

解离　liberation（of intergrown constituents）

借破碎或磨碎作用,使共生的成分单体分离。

7. 1. 6

碎裂　breakage

(1)固体随意或非随意的破裂。

(2)在机械处理或加工过程中,由于非随意碎裂而产生的细粒物料。

7. 1. 7

裂解　degradation

在处理、加工和储存中引起的非随意碎裂。

7. 1. 8

碎解　disintegration;dissociation

由于浸入水中或风化的结果,使物料(通常指页岩)发生的自然崩裂。

7. 1. 9

可碎性　crushability

在标准条件下使试样粉碎的相对难易程度。

7. 1. 10

可磨性　grindability

在标准条件下使试样磨碎的相对难易程度。

7. 1. 11

选择性破碎 **selective crushing**

使入料中的一种成分较其他成分优先破碎的方式。

7. 1. 12

选择性磨碎 **selective grinding**

使入料中的一种成分较其他成分优先磨碎的方式。

7. 1. 13

破碎流程 **crushing circuit**

包括破碎机及其后置筛分机等设备在内的系统。

注：如若粗粒级返回到破碎机再处理，则该系统称之为"闭路破碎流程"，否则称为"开路破碎流程"。

7. 1. 14

磨碎流程 **grinding circuit**

包括磨机及其后置分级排料设备在内的系统。

注：如若粗粒级返回到磨碎机再处理，则该系统称之为"闭路磨碎流程"，否则称为"开路磨碎流程"。

7. 2

破碎设备 **Size reduction machines**

7. 2. 1

劈碎机 **pick breaker**

通过机械操纵一组尖镐的劈裂作用对煤进行破碎的设备。

7. 2. 2

滚筒碎选机 **rotary breaker；Bradford breaker**

一种旋转的带孔钢制滚筒，小于要求粒度的物料透过滚筒下落，大于要求粒度的物料被滚筒内侧的提升板提起和翻落，较软的物料（如煤）破碎后透筛落下，较硬的物料（如矸石）未破碎而被排出。

7. 2. 3

颚式破碎机 **jaw crusher**

借固定颚板与摆动颚板之间，或者两摆动颚板之间的挤压作用，对物料进行破碎的设备。

7.2.4

辊式破碎机　roll crusher

齿辊式破碎机　toothed roll crusher

物料通过一个通常是带齿的转动圆辊与固定板或摆动板之间,或者是两个或多个齿辊之间的挤压、劈裂作用对物料进行破碎的设备。

7.2.5

固定锤式破碎机　rigid-hammer crusher

利用装设在机壳内,刚性固定在水平转轴上的锤头回转时的打击作用,对物料进行破碎的设备。

7.2.6

摆动锤式破碎机　swing-hammer crusher; swing-hammer mill; swing-hammer pulverizer

利用装设在机壳内,套装在水平转轴的一组圆盘上的枢轴上的锤头回转时的打击作用,对物料进行破碎的设备。

7.2.7

球磨机　ball mill

棒磨机　rod mill

在装有部分球或棒状物(一般为钢制)的沿水平轴旋转圆筒内,借助球的滚落运动,将粗物料碰撞和研磨成细物料的设备。

7.2.8

旋回破碎机　gyratory crusher

圆锥破碎机　cone crusher

物料被输送到沿垂直轴偏心旋转的坚固锥形腔内进行挤压、研磨的设备。

7.2.9

准备破碎　auxiliary breaking; preliminary breaking; auxiliary crushing; preliminary crushing

将煤破碎到下一作业要求粒度的作业。

7.2.10

最终破碎　finished breaking; finished crushing; final breaking; final crushing

将选后产物破碎到商品煤要求粒度的作业。

7.2.11

开路破碎　open-circuit crushing

破碎产物中超粒不返回入料再破碎的作业。

7.2.12

闭路破碎　closed-circuit crushing

破碎产物中超粒返回入料再破碎的作业。

7.2.13

一段破碎　single-stage crushing

只进行一次破碎的破碎作业。

7.2.14

二段破碎　tow-stage crushing

进行两次破碎的破碎作业。

7.2.15

总破碎比　total reduction ratio

各段破碎比的连乘积。

7.2.16

超粒　oversize

破碎产物中大于要求粒度的颗粒。

7.2.17

过粉碎　over crushing;over breaking

破碎过程中产生大量小于要求粒度颗粒的现象。

7.2.18

破碎机　crusher;breaker

对物料进行破碎的机械。

7.2.19

单齿辊破碎机　single roll crusher

借一个旋转齿辊与弧形棒条,破碎板的劈裂和挤压作用,破碎物料的机械。

7.2.20

反击式破碎机　impact crusher

借固定在转子上的锤头回转时的打击作用及物料对反击板的冲击作用,破碎物料的机械。

7.2.21

双齿辊破碎机 **double roll crusher**

用相向转动的两个带齿圆辊,主要借其劈裂作用破碎物料的机械。

7.2.22

四齿辊破碎机 **four roll crusher**

用两组相向转动的两个带齿圆辊,主要借其劈裂作用,连续破碎物料的机械。

7.2.23

分级破碎机 **sizing crusher**

由两个平行安装、相向转动的齿辊形成一个旋转的格筛,小于排料粒度的颗粒能够直接通过,大于排料粒度的颗粒在齿辊沿轴向布置的破碎齿环的剪切和拉伸作用下实现破碎。

8 效果的表达 Expression of results

8.1

一般术语 General terms

8.1.1

效率 efficiency

对分离有效性的某一种度量。

8.1.2

性能描述 statement of performance

用例如每小时处理煤的吨数,所用的工艺,达到的分选结果以及产品的粒度,描述选煤厂的规模和任务。

注:性能描述有时也可用于表示选煤厂生产的结果。

8.1.3

产率 yield;recovery

任一作业获得的产物数量,用占入料量的百分数表示。

8.1.4

计算入料 calculated feed;reconstituted feed

根据各产物的组成(密度或粒度)及其产率按加权平均求出的入料组成(密度或粒度)。

8.1.5

分配曲线 partition curve;distribution curve

表示某一分离产物各密度(或粒度)级含量百分数的曲线。

8.1.6

分配率 partition coefficients;distribution coefficients

产物中某一成分(密度级或粒度级)的数量与原料中该成分数量的百分比。

8.1.7

分割点 cut-point

预期或达到分为两个级别的确切基准(如密度或粒度)。

8.1.8

错配物 misplaced material

在按粒度分级或密度分选的过程中,错误地混入各产物中的物料。即在细粒级或低密度产物中所包含的高于分割点的粗粒级或高密度物料,或者相反。

注:错配物的质量可用占产物或入料的百分比表示。

8.1.9

错配物总量 total misplaced material

在按粒度分级或密度分选的各产物中错配物的质量之和,用占入料质量的百分数表示。

注:如果某一分离机械生产出三种产物,错配物的总量则是误入每一产物的物料质量之和,以占入料百分比表示。

8.1.10

正配物 correctly placed material

在按粒度分级或密度分选时,正确进入各产物中的物料。

8.1.11

正配物总量 total correctly placed material

在按粒度分级或密度分选的各产物中正配物的质量之和,用占入料质量的百分数表示(且等于100减去错配物总量)。

8.1.12

正配率 recovery rate

产品中正配物的分配率。

8.1.13

错配率 miscellany rate

产品中错配物的分配率。

8.1.14

单位消耗量 specific consumption

处理一吨原料煤所消耗的加重质、浮选剂、水和电等指标。

8.1.15

加工费 preparation cost

扣除原料煤费用外,成本中的各种费用之和,以"元/吨原料煤"表示。

8.1.16

破碎效率 crushing efficiency

破碎产物中已破碎的(扣除入料中原有的小于要求破碎粒度的)物料与入料中待破碎的(大于要求破碎粒度的)物料的质量比率。

8.1.17

粉碎率 degradation rate

煤炭在运输、加工、贮存等过程中被粉碎的质量分数。

8.1.18

细粒增量 increment of fines

出料与入料中的细粒含量的差值。

8.1.19

脱水效率 dewatering efficiency

脱水产物中的固体回收率与液体错配率之差。

8.1.20

浓缩效率 thickening efficiency

底流产物中的固体回收率与液体错配率之差。

8.1.21

浮选完善指标 perfect of index floatation;floatation perfect index

评价不同条件下浮选效果的综合性指标。

8.1.22

比阻率　relative filter resistance

表示物料可过滤性的综合指标。与过滤压力成正比,与滤液黏度、滤饼容积
与滤液体积的比值成反比。

8.2

分级作业　Sizing operations

8.2.1

指定粒度　designated size

在粒度分级作业中使原料分离所希望的粒度。

注:规定粒度通常以分配粒度或等误粒度表示。

8.2.2

分离粒度　separation size

表示进行分离的有效粒度的一般用词,根据产物粒度分析资料计算而得。

注:分离粒度通常以分配粒度或等误粒度表示。

8.2.3

分配粒度　partition size

粒度分配曲线上相当于回收率为50％的分离粒度。

8.2.4

等误粒度　equal errors size

入料等量错配到分级作业两种产物时的分离粒度。

8.2.5

控制粒度　control size;checking size;testing size

用于检验分级作业的精确度所选用的单一粒度。

注:控制粒度也可能与指定粒度相同。

8.2.6

参考粒度　reference size

分离粒度、规定粒度或控制粒度,用于说明分级作业产品的粒度限定。

8.2.7

额定筛分粒度　nominal screening size

通过筛分作业分离入料的名义粒度。

8.2.8

(粒度)错配物 misplaced material（sizing）

在分级作业中,筛上物中所含的筛下粒,或筛下物中所含的筛上粒。

8.2.9

(粒度)正配物 correctly placed material（sizing）

在分级作业中,筛下物中的小于分离粒度的物料,或筛上物中大于分离粒度的物料。

8.2.10

有效筛孔 effective screen aperture

在分级作业中,将被处理的物料分为两种粒级的分割点(例如,等误粒度或分配粒度)。

8.2.11

额定筛孔 nominal screen aperture

用于规定分级作业效果的名义筛孔。

8.2.12

分级效率 efficiency of sizing；yield of sizing

正确分配到指定粒级的物料的质量,用物料的质量与入料中该粒级质量的百分比表示。

8.2.13

筛分效率 efficiency of screening

筛下物(除掉筛上物)质量占入料中小于参考粒度全部质量的百分比。

8.2.14

粒度特性曲线 size-distribution curve

用常规的、对数的或其他比例绘制的,表示不同粒级的混合物料筛分试验结果的图示曲线。

8.2.15

分级粒度 sizing size

两种分级产物的分界粒度。

8.2.16

理论分级粒度　theoretical sizing size

按理论计算的分级粒度。

8.2.17

实际分级粒度　practical sizing size

实测的分级粒度,系根据产物的粒度分析资料求出的;通常用分配粒度或等误粒度表示。

8.2.18

通过粒度　through size

以溢流中95%的量通过标准筛的筛孔大小所表示的粒度。

8.2.19

限下率　undersize fraction

筛上产物中小于规定粒度部分的质量分数。

8.2.20

限上率　oversize fraction

筛下产物中大于规定粒度部分的质量分数。

8.3

分选作业　Cleaning operations

8.3.1

数量效率　organic efficiency

某一产物在相同灰分时实际产率与理论产率的百分比。

8.3.2

理论产率　theoretical yield

具有指定灰分产物的最大产率(如从可选性曲线上查得的相应产率)。

8.3.3

误差曲线　error curve;tromp error curve

以常规比例绘制的,将分配率超过50%的线段倒置,闭合为一误差区的分配曲线。

8.3.4

分选密度　separation density

实现分选的有效密度,由产品的相关密度分析计算得出。

注:分选密度通常用分配密度或等误密度表示。

8.3.5

分配密度　partition density（d_p，d_{50}）；tromp cut-point

d_p，d_{50}

密度分配曲线上得到的,对应回收率为 50％的密度。

8.3.6

等误密度　equal errors cut-point（density）；wolf cut-point

分选作业中给料错配到两种产物的量相等时的密度。

8.3.7

可能偏差　ècart probable moyen；E_{pm}（literally：mean probable error）

E_{pm}

分配曲线上对应纵坐标为 75％和 25％的密度值之差的一半。

8.3.8

不完善度　imperfection；I

I

其比值为：

$$\frac{可能偏差}{分配密度-1} \quad 或 \quad \frac{E_{pm}}{d_{50}-1}$$

注:此比值只用于分选介质为水时。

8.3.9

灰分误差　ash error

产物的实际灰分与可选性曲线(基于计算给料)上相当于产物实际产率时的理论灰分之差值。

8.3.10

产率损失　yield loss,washing loss

某一产物在相同特性(通常为灰分)时,实际产率和理论产率的差值。

8.3.11

浮物　floats

在指定相对密度介质中浮起的那部分物料。例如可称为:相对密度为

1.40 g/cm³ 的浮物。

8.3.12

沉物　sinks

在指定相对密度介质中沉下的那部分物料。例如可称为：相对密度为
1.60 g/cm³ 的沉物。

8.3.13

邻近密度物　near-density material

相对密度位于分割点两侧范围（通常是 0.1 g/cm³）内的物料。

8.3.14

(分选)错配物　misplaced material（cleaning）

在高密度产物中所含有的小于分选密度的物料,或者在低密度产物中所含
有的大于分选密度的物料。

8.3.15

(分选)正配物　correctly placed material（cleaning）

在低密度产物中所含有的小于分选密度的物料,或者在高密度产物中所含
有的大于分选密度的物料。

8.3.16

理论灰分　theoretical ash

按某一给定产率,从浮物或沉物曲线上查得的相应灰分值。

8.3.17

理论分选密度　theoretical separation density

在可选曲线上按某一理论灰分（或产率）从密度曲线上查得的相应密度,通
常用等灰密度或当量密度表示。

8.3.18

等灰密度　equal ash density

按分选过程中获得的设计产物灰分,从密度曲线上查得的相应密度。

8.3.19

当量密度　equal yield density

按分选过程获得的实际产物产率,从密度曲线上查得的相应密度。

8.3.20

实际分选密度　practical separation density

完成分选过程的实际密度,是从产物的浮沉试验资料计算出的,通常用分配密度或等误密度表示。

8.3.21

质量效率　quality efficiency

相当于精煤实际产率时的精煤理论灰分与精煤实际灰分的百分比。

8.3.22

污染指标　contamination index

选后产品中错配物与正配物的质量分布。

8.3.23

浮煤　float coal

小于低分选密度的物料。

8.3.24

中间煤　middle coal

介于高、低分选密度之间的物料。

8.3.25

沉矸　sink refuse

大于高分选密度的物料。

8.3.26

含矸率　percentage of refuse content

煤中可见矸石的质量分数。

8.3.27

拣矸效率　efficiency of hand picking

实际拣出的矸石量占原料煤中可见矸石量的百分数。

8.3.28

含煤率　percentage of coal content

毛煤或手选矸石中煤量所占的百分数。

8.3.29

分选下限　lower limit of separation

选煤机械有效分选作用所能达到的最小粒度。

8.3.30

基元灰分　**elementary ash**

煤在某一密度(或产率)点的灰分。

8.3.31

分界灰分　**cut-point ash**

两种产物分界线上的基元灰分(即浮物的最高灰分和沉物的最低灰分)。

8.3.32

最高产率原则　**rule of maximum yield**

从两种或两种以上的原料煤中选出一定质量的综合精煤时,必须按各部分精煤分界灰分相等的条件选定各种煤的分选密度,才能使综合精煤的产率最大。

8.3.33

灰分批合格率　**ash qualification ratio**

按批检查商品煤灰分时,小于规定灰分上限的批数,占发运总批数的百分数。

8.3.34

灰分批稳定率　**ash stabilization ratio**

按批检查商品煤灰分时,符合规定灰分范围的批数,占发运总批数的百分数。

8.3.35

降硫率　**percentage of desulphurization**

选后产物(一般指精煤)中的硫分,比原料中的硫分降低的百分数。

8.3.36

脱硫率　**percentage of desulphurization**

经过分选脱除的硫量占原料煤中总硫量的百分数。

8.3.37

脱硫完善指标　**perfect of index desulphurization**

评价不同条件下脱硫效果的综合性指标。

9 配料与均质化 Blending and homogenization terms

9.1

仓配 bunker blending;bin blending

将不同物料分别储存在预定的且可控制排料量的若干个仓内的配料方法。

9.2

给料机 feeder

以可控制的速度输出物料的一种机械装置。

9.3

不均质性 heterogeneity

具有某一特性的颗粒群,呈非均匀分布时的物料状态。

9.4

均质性 homogeneity

具有某一特性的颗粒群,呈均匀分布时的物料状态。

9.5

均质化 homogenization

通过充分混合以获得具有特性相对稳定的产品。

9.6

混料 mixing

无需按预定的控制比例,对两种或多种不同特性物料的混合作业。

9.7

混料机 mixer

实现混料的一种装置或设备。

9.8

均匀性 uniformity

对于某一特性,所有颗粒具有相同的值,这种物料被称为在这一特性中是均匀的。

9.9

不均匀性 non-uniformity

对于某一特性,所有颗粒具有不相同的值,这种物料被称为在这一特性中是不均匀的。

9.10

取料机 reclaimer

从料堆取得物料的机械设备。

9.11

堆料机 stacker

用于形成料堆的机械设备。

9.12

料堆 stockpile

物料在地上存放形成的物料堆。

注:料堆可以有下列两部分:

a)可取部分:能用已安装好的设备取回的那一部分料堆。

b)固定部分:不能用已安装好的设备取回的那一部分料堆。

9.13

堆料 stockpiling

堆成料堆的行为。

注:堆料有若干种方法,例如:

a)人字形堆法:将物料连续的沿料堆的中心轴线均匀堆放成有三角形横断面的纵向堆料方法。

b)锥形堆法:在一个锥面连续的添加物料直线扩大最初的锥形料堆而形成三角断面的纵向堆料方法。

c)分层堆法:分层连续的添加物料形成料堆的方法。

d)条形堆法:物料按逐步形成整个料堆的多个相邻的平行纵向料堆的堆料方法。

9.14

整体流动(在仓内) mass flow (in bunkers)

当仓内所有物料都在运动时,通过物料的整个断面具有均匀的流速。

9.15

管状流动 core flow;funnel flow

物料的流动限制成一个竖轴穿过排料口的柱状体,物料沿柱状体表面呈管状向下运动。

9. 16

堆取料机 stocker-reclaimer

既能堆料又能取料的机械。

9. 17

配煤仓 blending bunker

分别储存不同特性的煤炭，以便进行配料的煤仓。

9. 18

装车仓 loading bunker；loading bin

储存各种煤炭产品，以便装车外运的煤仓。

9. 19

多点装车 multipoint loading

一股道上有几个点同时进行装车的装车方式。

9. 20

单点装车 single-point loading

将煤集中到一点进行装车的方式。

9. 21

矸石场 refuse pile

堆放选煤厂或煤矿矸石的场地和设施。

9. 22

定量装车 quantitative loading

将物料按规定质量连续地自动称量并装入车辆的方式。

10 **其他 Miscellaneous**

10. 1

防尘 dust-proofing

为了防止或降低煤炭在加工过程中尘埃的污染，利用油、氯化钙溶液或其他表面活性剂进行的表面处理。

10. 2

防冻 freeze-proofing

在冻结期，为了防止或减轻由于结冰而使煤粒黏结在一起，而利用药剂进行的表面处理。

10. 3

安息角　angle of repose

休止角

散装物料堆的表面与水平面所夹的角。

10. 4

抑尘　dust depression

防止或减少煤尘扩散到空气中,例如使用喷水。

10. 5

配料　blending

按预定的控制量进行混合,以获得指定特性的均质产品。

10. 6

仓　bunker;bin

储存物料的容器,主要部分是垂直的立壁,其下部通常建成漏斗形状。

10. 7

漏斗　hopper

接受物料的容器,通常建造成倒角锥或者倒圆锥形,底部设有开口,物料由此排出(一般不用于储存功能)。

10. 8

缓冲仓　surge hopper;surge bunker

用于接收一定流速的来料,并以预先设定的速度将来料卸下的漏斗仓。

10. 9

黏结　agglomeration

使细颗粒黏结在一起形成球或团的过程,通常加入适当的药剂以促使黏结。

10. 10

堆密度　bulk density

单位体积松散物料在空气中的质量,包括颗粒之间的空隙。

10. 11

叶片式混料机　paddle mixer

由两个不连续的螺旋构成桨叶,对物料进行推进并混合的水平螺旋输送机。

10.12

防冻剂 antifreeze；antifreezing agent

为防止或减轻湿煤在运输过程中冻结而加入的一种物质。

10.13

计量水分 metrological moisture

用于选煤产品计量而规定的全水分。

10.14

型煤 coal briquette

一种或数种煤（末煤或粉煤）与一定比例的黏合剂、固硫剂、助燃剂等加工成一定形状并有一定理化性能（冷强度、热强度、热稳定性、防水性等）的块状燃料或原料。

10.15

流量计 flowmeter

用于测量流量（体积/单位时间）或者在给定的时间内测量总体积的装置。

10.16

灰分仪 ash monitor

按灰分百分数分析煤质，再用信号表示灰分百分数的装置。

10.17

散密度计 bulk density meter

监测矿物的堆密度，提供质量显示的装置。

10.18

水分仪 moisture meter

分析煤质水分百分数的装置，并产生一个表示水分百分数的信号。

10.19

密度计 density meter

监测悬浮液相对密度的装置。

附加说明：

本标准修改采用 ISO 1213-1:1993《固体矿物燃料词汇 第一部分:选煤术语》（英文版），以促进国际间科技、经济、信息等方面的交流合作。

　　本标准根据 ISO 1213-1:1993 重新起草。为了方便比较,在资料性附录 A 中列出了本国家标准条款和国际标准条款的对照一览表。

　　由于 ISO 1213-1:1993 发布年代较早,许多术语未被列入,部分术语不属于选煤范畴,本标准在采用国际标准时进行了增删,这些技术性差异用垂直线标识在它们所涉及的条款的页边空白处。在附录 B 中给出了技术性差异及其原因的一览表以供参考。

　　为便于使用,本标准还对 ISO 1213-1:1993 做了下列编辑性修改:

　　a)　“本国际标准”一词改为“本标准”。

　　b)　删除 ISO 1213-1:1993 的前言和引言。

　　本标准代替 GB/T 7186—1998《煤矿科技术语　选煤》。

　　本标准与 GB/T 7186—1998 相比的主要变化如下:

　　——根据标准修订计划,标准名称改为《选煤术语》。

　　——标准格式按照 GB/T 20001.1—2001 的要求编写,而 GB/T 7186—1998 则采用了表格型式。

　　——取消 GB/T 7186—1998 中为方便使用而增加的“代号”、“允许使用的同义词”和“禁止使用的同义词”的内容。

　　——删除 GB/T 7186—1998 中的附录 A,摘录其中部分与选煤有关的内容放入正文的第 10 章“其他”中。

　　——将 GB/T 7186—1998 中的附录 B、附录 C 改为“中文索引”和“英文索引”。

　　——对在 GB/T 7186—1998 中增加的部分条文,根据其内容对条文排序进行了重新调整,删除了部分与 ISO 1213-1:1993 中的条文内容重复及不属于选煤领域的术语,并对部分术语定义进行了文字修改。

　　本标准的附录 A、附录 B 是资料性附录。

　　本标准由中国煤炭工业协会提出。

　　本标准由全国煤炭标准化技术委员会(CSBTS/TC 42)归口。

　　本标准起草单位:中煤国际工程集团北京华宇工程有限公司。

　　本标准主要起草人:吴影、郭牛喜、刘文欣、邓晓阳、范素清。

　　本标准所代替标准历次版本的发布情况为:

　　——GB/T 7186—1987、GB/T 7186—1998。

图书在版编目（CIP）数据

煤炭常用术语手册/陈亚飞主编 . -- 北京：煤炭
工业出版社，2019（2019.6 重印）
ISBN 978-7-5020-7236-0

Ⅰ.①煤… Ⅱ.①陈… Ⅲ.①煤炭—名词术语—手册
Ⅳ.①TD94-62

中国版本图书馆 CIP 数据核字(2019)第 014145 号

煤炭常用术语手册

主　　编	陈亚飞
责任编辑	李振祥
编　　辑	刘晓天
责任校对	邢蕾严
封面设计	王　滨

出版发行　煤炭工业出版社（北京市朝阳区芍药居 35 号　100029）
电　　话　010-84657898（总编室）　010-84657880（读者服务部）
网　　址　www.cciph.com.cn
印　　刷　北京建宏印刷有限公司
经　　销　全国新华书店

开　　本　787mm×1092mm$^1/_{16}$　印张　26$^1/_2$　字数　449 千字
版　　次　2019 年 1 月第 1 版　2019 年 6 月第 2 次印刷
社内编号　20180237　　　　定价　148.00 元